BestMasters

Ludmila Lysenko

Enträtselung der genetischen Variation von Subulicystidium longisporum

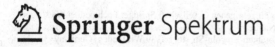
Springer Spektrum

Ludmila Lysenko
Universität Kassel
Warburg, Deutschland

ISSN 2625-3577 ISSN 2625-3615 (electronic)
BestMasters
ISBN 978-3-658-29223-2 ISBN 978-3-658-29224-9 (eBook)
https://doi.org/10.1007/978-3-658-29224-9

Die Deutsche Nationalbibliothek verzeichnet diese Publikation in der Deutschen National-
bibliografie; detaillierte bibliografische Daten sind im Internet über http://dnb.d-nb.de abrufbar.

Springer Spektrum ist ein Imprint der eingetragenen Gesellschaft Springer Fachmedien Wiesbaden
GmbH und ist ein Teil von Springer Nature.
Die Anschrift der Gesellschaft ist: Abraham-Lincoln-Str. 46, 65189 Wiesbaden, Germany

Danksagung

Mit Abgabe dieser Masterarbeit endet für mich mein Studium der Biologie und meine Zeit an der Universität Kassel, und es fängt für mich ein neuer Lebensabschnitt an. Deswegen möchte ich mich an dieser Stelle bei allen bedanken, die mich während meines Studiums unterstützt und begleitet haben.

Ganz besonders möchte ich Herrn Prof. Dr. Ewald Langer und der Arbeitsgruppe Ökologie dafür danken, dass ich seit dem Bachelor freundlich in der Arbeitsgruppe aufgenommen wurde und durch diverse SHK-Stellen die Möglichkeit hatte, meine praktischen Grundlagen zu üben und zu erweitern. Ebenfalls bedanke ich mich bei Herrn Prof. Dr. Ewald Langer für die Möglichkeit zur Anfertigung meiner Bachelor- und Masterarbeit in der Arbeitsgruppe Ökologie und seine Betreuung während dieser Zeit. Im Besonderen gilt mein Dank Alexander Ordynets, der während der Masterarbeit mein Betreuer war, und Ulrike Frieling und Sylvia Heinemann für die entspannte und hilfsbereite Atmosphäre im Labor.

Mein Dank gilt auch Prof. Dr. Raffael Schaffrath, der sich freundlicherweise als zweiter Betreuer und Gutachter für diese Masterarbeit zur Verfügung stellte.

Ebenfalls bedanke ich mich bei Alessandro Saitta und Anton Savchenko für das Vermessen von Basidiosporen einiger Herbarbelege.

Zum Schluss möchte ich mich bei meiner Familie bedanken, die mich in all den Jahren unterstützt hat -wo sie nur konnte und wie sie nur konnte - und mit deren Hilfe ich alle Widrigkeiten bestritten habe

„Die Wissenschaft besteht aus Irrtümern, mein Junge, aber durch diese Irrtümer kommt sie der Wahrheit näher."

Jules Verne 1871, Reise zum Mittelpunkt der Erde

Inhaltsverzeichnis

Abkürzungsverzeichnis

°C	Grad Celsius
μm	Mikrometer
Abb.	Abbildung
AliView	alignment viewer and editor
Borat	Borsäure
bp	Basenpaar
BS	Bootstrapsupport
BSA	Bovines Serumalbumin
DNA	Desoxyribonukleinsäure
dNTP	Desoxyribonukleosidtriphosphate
DZ	Dezimalgrad
EDTA	Ethylendiaminotetraacetat
fw	forward
GMS	Grad, Minute, Sekunde
GTR+G-Modell	General-Time-Reversible-model with gamma distribution
Hrsg.	Herausgeber
Hz	Hertz
IQR	Interquartilsabstand
iTOL	Interactive Tree of Life
ITS	internal transcribed spacer
IUPAC	International Union of Pure and Applied Chemistry
KOH	Kaliumhydroxid
L	Länge
M	molare Masse

MAFFT	multiple alignment using fast Fourier transform
MCMC	Markov Chain Monte Carlo
MEGA	Molecular Evolutionary Genetics Analysis Version 7.0
MgCl2	Magnesiumchlorid
ml	Milliliter
ML	Maximum Likelihood
mM	Millimol
MRM	Multiple Regression on distance Matrices
NCBI	National Center for Biotechnology Information
nrLSU	nuclear ribosomal large subunit
nrSSU	nuclear ribosomal short subunit
NTS	non-transcribed spacer
PCR	polymerase chain reaction
PERMANOVA	Permutational Multivariate Analysis of Variance
PP	a posteriori Wahrscheinlichkeiten nach Bayes
rDNA	ribosomale Desoxyribonukleinsäure
rev	reverse
RNA	Ribonukleinsäure
rpm	rounds per minute
S. longisporum	*Subulicystidium longisporum*
T92+G-Modell	Tamura-3-parameter-model with gamma distribution
Tab.	Tabelle
TBE	TRIS-Borat-EDTA-Puffer
Tris	Tris(hydroxymethyl)-aminomethan
UNITE	Unified system for the DNA based fungal species linked to the classification

USA	United States of America
UV	Ultraviolettstrahlung
V	Volt
vgl.	vergleiche
W	Breite

Abbildungsverzeichnis

Tabellenverzeichnis

1. Einleitung

Die Pilz-Gattung *Subulicystidium* wurde 1968 von Parmasto beschrieben und umfasst aktuell 22 Spezies (vgl. Tab. 1, www.indexfungorum.org 2018). Sie zeichnet sich vor allem durch ihre charakteristischen subulaten (schwertartigen) Cystiden aus, welche an ihrer Oberfläche zwei Reihen bandförmiger Strukturen aufweisen (Jülich 1975, Keller 1985). Die Fruchtkörper sind resupinat arachnoid und lassen sich an Totholz als auch anderem abgestorbenen Pflanzenmaterial auf dem Waldboden finden. Das Hyphensystem ist leicht verwoben, wobei alle Hyphen Schnallen aufweisen und die Basidien suburniform sind (Oberwinkler 1977, Duhem und Michel 2001). Vereinzelt werden auch Repetobasidien von einigen Autoren genannt (Jülich 1969, Liberta 1980).

Tab. 1 Die Gattung *Subulicystidium* (www.indexfungorum.org 2018).

Subulicysti-dium	*allantosporum*	Boidin & Gilles, *Bull. trimest. Soc. mycol. Fr.* 104(3): 193 (1988)
	boidinii	Ordynets, M.M. Striegel & Langer in Ordynets, Scherf, Pansegrau, Denecke, Lysenko, Larsson & Langer, *MycoKeys* 35: 50 (2018)
	brachysporum	(P.H.B. Talbot & V.C. Green) Jülich, Persoonia 8 (2): 189 (1975)
	cochleum	Punugu, in Punugu, Dunn & Welden, *Mycotaxon* 10(2): 436 (1980)
	curvisporum	Gorjón, Gresl. & Rajchenb., *Mycotaxon* 118: 48 (2011)
	fusisporum	Ordynets & K.H. Larss. in Ordynets, Scherf, Pansegrau, Denecke, Lysenko, Larsson & Langer, *MycoKeys* 35: 51 (2018)
	grandisporum	Ordynets & K.H. Larss. in Ordynets, Scherf, Pansegrau, Denecke, Lysenko, Larsson & Langer, *MycoKeys* 35: 52 (2018)
	harpagum	Ordynets, M.M. Striegel & Langer in Ordynets, Scherf, Pansegrau, Denecke, Lysenko, Larsson & Langer, *MycoKeys* 35: 54 (2018)
	inornatum	Ordynets & K.H. Larss. in Ordynets, Scherf, Pansegrau, Denecke, Lysenko, Larsson & Langer, *MycoKeys* 35: 55 (2018)

© Springer Fachmedien Wiesbaden GmbH, ein Teil von Springer Nature 2020
L. Lysenko, *Enträtselung der genetischen Variation von Subulicystidium longisporum*, BestMasters, https://doi.org/10.1007/978-3-658-29224-9_1

longisporum	(Pat.) Parmasto, Conspectus Systematis Corti-ciacearum: 121 (1968)
meridense	Oberw., Bibliotheca Mycologica 61: 343 (1977)
naviculatum	Oberw., Bibliotheca Mycologica 61: 343 (1977)
nikau	(G. Cunn.) Jülich, Berichte der Deutschen Bota-nischen Gesellschaft 81: 419 (1969)
oberwinkleri	Ordynets, M.M. Striegel & Langer in Ordynets, Scherf, Pansegrau, Denecke, Lysenko, Larsson & Langer, MycoKeys 35: 56 (2018)
obtusisporum	Duhem & H. Michel, Cryptogamie Mycologie 22 (3): 164 (2001)
parvisporum	Ordynets & Langer in Ordynets, Scherf, Pan-segrau, Denecke, Lysenko, Larsson & Langer, MycoKeys 35: 57 (2018)
perlongisporum	Boidin & Gilles, Bulletin de la Société My-cologique de France 104 (3): 197 (1988)
rallum	(H.S. Jacks.) Hjortstam & Ryvarden, Mycotaxon 9 (2): 514 (1979)
rarocrystallinum	Ordynets & K.H. Larss. in Ordynets, Scherf, Pan-segrau, Denecke, Lysenko, Larsson & Langer, MycoKeys 35: 58 (2018)
robustius	K.H. Larss. & Ordynets in Ordynets, Scherf, Pan-segrau, Denecke, Lysenko, Larsson & Langer, MycoKeys 35: 58 (2018)
ryvardenii	Ordynets & K.H. Larss. in Ordynets, Scherf, Pan-segrau, Denecke, Lysenko, Larsson & Langer, MycoKeys 35: 60 (2018)
tedersooi	Ordynets, Scherf & Langer in Ordynets, Scherf, Pansegrau, Denecke, Lysenko, Larsson & Lan-ger, MycoKeys 35: 61 (2018)

Subulicystidium wird zusammen mit *Brevicellicium, Porpomyces* und *Trechispora* zur Ordnung der Trechisporales gezählt, mit *Sistotremastrum* als Schwestergruppe, und nach molekularen phylogenetischen Analysen, welche auf der Untersuchung der ribosomalen DNA basieren, innerhalb der Familie der Hydnodontaceae gestellt. Da diese Ergebnisse nur auf molekularen Daten beruhen und die Gattung keinerlei morphologische Gemeinsamkeiten mit den restlichen Arten der Familie hat, ist die Stellung von

Subulicystidium innerhalb der Hydnodontaceae als unsicher anzusehen (Larsson 2007, Telleria et al. 2013, Volobuev 2016).

Traditionell werden die *Subulicystidium*-Arten nach ihrer Sporengröße und -form unterschieden, da die anderen mikroskopischen Merkmale als invariabel angesehen werden (Oberwinkler 1977, Boidin und Gilles 1988, Duhem und Michel 2001). Allerdings gibt es sowohl Überlappungen der Sporengrößen zwischen den unterschiedlichen *Subulicystidium*-Arten, als auch eine hohe Variabilität der Sporengröße und -form innerhalb einer Art und Sammlung (Liberta 1980, Hjortstam und Ryvarden 1986), wodurch eine Bestimmung einzelner Arten innerhalb der Gattung allein aufgrund morphologischer Merkmale erschwert wird.

Da die Speziesidentifizierung aufgrund von morphologischen Merkmalen selbst für erfahrene Mykologen herausfordernd ist, wurden sequenzbasierte Methoden entwickelt, die durch einen DNA-Barcode das schnelle Identifizieren von Arten ermöglichen (Raja et al. 2017). Bei einem DNA-Barcode handelt es sich dabei um einen kleinen DNA-Abschnitt, der die eindeutige Identifizierung durch Vergleich dieses Abschnittes ermöglicht (analog zum Strichcode im Supermarkt) (Fajarningsih 2016).

Innerhalb der Pilze hat sich als Standard -Marker die ITS-Region der ribosomalen DNA bewährt (internal transcribed spacer). Der Vorteil dieser Region liegt in der hohen Kopienzahl innerhalb des Genoms und der daraus resultierenden guten Amplifikatbildung während der Polymerase-Kettenreaktion innerhalb der meisten Pilz-Gattungen auch bei geringen Probenmengen (White et al. 1990, Nilsson et al. 2008, Schoch et al. 2012). Zusätzlich weisen ITS1 und ITS2 durch ihre nicht-kodierende Funktion eine etwa hundertfach schnellere evolutive Veränderung als die ribosomalen Genabschnitte auf (Coleman 2015) und werden als Standardmarker für das DNA-Barcoding von Fungi auf Artebene benutzt (White et al. 1990, Nilsson et al. 2008, Schoch et al. 2012).

So konnten bei einer Studie von Ordynets et al. (2018) aufgrund der Kombination von molekulargenetischen und morphologischen Untersuchungen innerhalb der kurzsporigen *Subulicystidium*-Arten insgesamt elf neue Spezies benannt werden (vgl. Tab. 1).

Die weit verbreitete Art *Subulicystidium longisporum* gilt nach Liberta (1980) als ein besonders variabler „Artenkomplex" und obwohl diese der Gattungstypus ist (Jülich 1969), fehlen umfassende molekulargenetische Untersuchungen.

Das Hauptaugenmerk dieser Masterthesis besteht darin durch den Locus ITS neue Referenzsequenzen für *Subulicystidium longisporum* innerhalb einer breiten geographischen Abdeckung zu generieren und die genetische Variabilität dieser ermittelten Sequenzen durch Betrachtung der paarweisen Unterschiede innerhalb der Nukleotidabfolge als auch durch phylogenetische Rekonstruktion nach der Maximum-Likelihood-Methode und dem Bayes-Theorem zu ermitteln. Des Weiteren soll mit Hilfe eines parsimoniebasierten Haplotyp-Netzwerkes, sowie durch Korrelationsanalysen eine mögliche allopatrische Artbildung festgestellt werden. Durch diese Methoden soll ermittelt werden, ob es sich bei *Subulicystidium longisporum* molekulargenetisch um eine Kryptospezies handeln könnte. Zur Unterstützung der molekulargenetischen Daten wird die Form und Größe der Basidiosporen hinzugezogen.

2. Grundlagen

Pilze tauchten wahrscheinlich bereits vor einer Milliarde Jahren auf der Erde auf (Lücking et al. 2009, Prieto und Wedin 2013, Lücking und Nelsen 2018), so können fossile Pilze bis auf eine Zeit vor 450 Millionen Jahre datiert werden (Redecker et al. 2000, Taylor et al. 2003), wobei den spektakulärsten Fund die *Prototaxites* (Dawson, 1859) darstellen. Diese wurden bis acht Meter hoch und zeitweise als Bäume eingestuft, jedoch zeigen aktuelle Untersuchungen, dass es sich dabei um einen basalen Ascomyceten handelte (Hueber 2001, Selosse 2002, Boyce et al. 2007, Honegger et al. 2017).

Hawksworth und Lücking (2017) schätzen, dass es insgesamt 2,2 – 3,8 Millionen Pilzspezies weltweit gibt, wobei bisher jedoch nur 120.000 beschrieben wurden. Somit sind etwa 93 % der möglichen Spezies immer noch unentdeckt.

Die Hauptursache für diesen hohen unentdeckten Anteil an Pilzspezies liegt in der traditionellen Identifizierung von Arten, die auf morphologischen Merkmalen beruht (Hyde et al. 2010). Diese setzt jedoch ein makroskopisches Auftreten von Pilzen voraus, um diese im Habitat wahrnehmen zu können, was für viele Abteilungen wie die Glomeromycota (Goto und Maia 2005) und Chytridiomycota (James et al. 2006) nur zum Teil möglich ist. Zusätzlich werden Fruchtkörper nur zu bestimmten Jahreszeiten und unter günstigen Umweltverhältnissen ausgebildet (Kauserud et al. 2009), während den Rest der Zeit die Pilze in Form von Hyphengeflechten unerkannt im Substrat verweilen. Außerdem sind viele Habitate wenig erforscht (Jones et al. 2011) und bergen noch großes Potential für unentdeckte Arten.

Allerdings kann das morphologische Artkonzept aufgrund von Hybridisierungen (Olson und Stenlid 2002, Hughes et al. 2013), kryptischen Spezies (Harrington und Rizzo 1999, Kohn 2005, Giraud et al. 2008, Foltz et al. 2012, Lücking et al. 2014) und konvergenter Evolution (Brun und Silar 2010) selbst für erfahrene Mykologen eine Herausforderung, sowohl bei Speziesidentifizierung als auch bei gegenseitiger Abgrenzung neuer Arten, darstellen (Geiser 2004, Raja et al. 2017).

So können die gleichen Ausprägungen von morphologischen Merkmalen innerhalb von zwei Lebewesen aufgrund desselben Vorfahren (Homologie) oder aufgrund von gleichen Umwelteinflüssen (Konvergenzen) entstehen, dies lässt sich im Nachhinein jedoch oft nicht beurteilen (Kunz 2012a).

© Springer Fachmedien Wiesbaden GmbH, ein Teil von Springer Nature 2020
L. Lysenko, *Enträtselung der genetischen Variation von Subulicystidium longisporum*, BestMasters, https://doi.org/10.1007/978-3-658-29224-9_2

Da die morphologische Artbestimmung innerhalb der Pilze somit sehr zeit-
aufwändig ist, fanden durch die Sanger-Sequenzierung (Applied Biosys-
tems, Sanger und Coulson 1975, Sanger et al. 1977) und die Arbeiten von
White et al. (1990) molekulare Daten in Form von DNA-Sequenzen Einzug
in die Identifizierung von Pilzspezies und bilden in Kombination mit anderen Merkmalen den modernen Klassifizierungskanon.

Mit denen von White et al. (1990) entwickelten Primern können Bereiche
der ribosomalen DNA (rDNA) amplifiziert werden. Die rDNA liegt in einer
hohen Anzahl von aufeinanderfolgenden Kopien innerhalb des Genoms
vor (Prokopowich et al. 2003). Diese Wiederholungen bestehen dabei aus
dem 18S Gen für die kleine Untereinheit (nrSSU-18S), dem nicht-kodie-
renden internal transcribed spacer 1 (ITS1), sowie den beiden Komponen-
ten, 5.8S und 28S (nrLSU-28S), der großen Untereinheit welche von dem
internal transcribed spacer 2 (ITS2) getrennt werden. Zwischen den einzelnen Wiederholungen befindet sich der non-transcribed spacer (NTS)
(Abb. 1). ITS1, 5.8S und ITS2 werden dabei oft als ITS zusammengefasst.

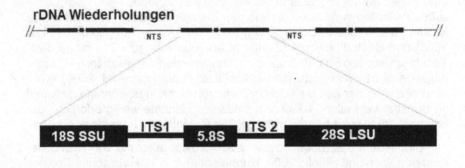

Abb. 1 Eine schematische Übersicht des ribosomalen DNA-Abschnittes im Genom. short
subunit, 18S SSU; internal transcribed spacer 1, ITS1; 5.8S; internal transcribed spacer 2,
ITS2; large subunit, 28S LSU; non-transcribed spacer, NTS. (verändert nach https://si-
tes.duke.edu/vilgalyslab/rdna_primers_for_fungi/)

Die drei Regionen weisen aufgrund unterschiedlicher evolutionärer Ent-
wicklungen verschiedene genetische Variationen auf. Die SSU weist dabei
eine langsame Veränderung innerhalb der Nukleotidsequenz auf, während

ITS1 und ITS2 durch ihre nicht-kodierende Eigenschaft eine etwa hundert-fach schnellere Mutationsrate innerhalb ihrer Nukleotidsequenz aufweisen (Bruns et al. 1991, Mitchell und Zuccaro 2006, Coleman 2015).

Sowohl aufgrund der schnellen evolutiven Veränderung, als auch wegen der guten Amplifikatbildung im Rahmen der Polymerase-Kettenreaktion bei vielen Pilzgattungen, gilt die ITS-Region als Standard-Barcode zur Identifizierung von Pilzen auf Artebene (White et al. 1990, Nilsson et al. 2008, Schoch et al. 2012, Brown et al. 2014). Als DNA-Barcode wird dabei eine standardisierte kurze Region (400-800 Basenpaare) bezeichnet, die es ermöglicht Arten durch Vergleich innerhalb von Datenbanken (z.B. NCBI) zu identifizieren (Kress und Erickson 2012). Dies ist jedoch nur dann möglich, wenn innerhalb der Datenbanken Referenzsequenzen vorhanden sind, die unzweifelhaft einer Art zugeordnet wurden (Ovaskainen et al. 2010). Jedoch weisen Nilsson et al. (2006) darauf hin, dass bis zu 20 % der pilzlichen Sequenzen falsch bestimmt sind, wodurch eine eindeutige Zuordnung erschwert wird (Ovaskainen et al. 2010).

Neben der schnellen Zuordnung von unbekannten Pilzproben in der ITS-Region durch Vergleich der Nukleotidsequenz innerhalb einer Datenbank, wird diese auch vermehrt zur Ermittlung von neuen Arten (Taylor et al. 2000), welche vorher nicht beschrieben wurden oder als kryptische Spe-zies auftreten, als auch zur phylogenetischen Rekonstruktion verwendet (Kretzer et al. 1996, Tautz et al. 2003, Telleria et al. 2013). Dem DNA-Barcoding liegt dabei die Prämisse zugrunde, dass die genetische Varia-tion innerhalb einer Spezies geringer ist, als die genetische Variation zwi-schen unterschiedlichen Spezies. Der auch als *barcode gap* bezeichnete Artabgrenzungsschwellwert errechnet sich als Differenz der minimalen in-terspezifischen und maximalen intraspezifischen Distanzen (Hebert und Gregory 2005, Hajibabaei et al. 2007, Casiraghi et al. 2010, Kress und Erickson 2012). Dabei wird die Artabgrenzung mit dem ITS-Locus dadurch erschwert, dass es noch keinen allgemeingültigen Cut-Off-Wert für die ge-netische Variation innerhalb einer Art gibt, nachdem diese klar zu separie-ren ist (Nilsson et al. 2008). Deshalb sollten molekulargenetische Daten, vor allem wenn sie nur auf einem Locus beruhen, nicht als alleiniges Artab-grenzungsmerkmal benutzt werden, sondern nach Möglichkeit durch eine Kombination der phylogenetischen, morphologischen und biologischen Artkonzepte, sowie der Kombination mehrerer Loci erfolgen (Taylor und Fisher 2003, Will und Rubinoff 2004, McNeil et al. 2006, Kunz 2012a, Kunz 2012b).

3. Material und Methoden

3.1 Probenauswahl für die DNA-Isolation und Morphometrische Analysen

Materialien und Geräte
  Rasierklingen
  Präpariernadel
  Pinzette
  Lichtmikroskop (Leica DM500)
  Stereomikroskop (Olympus SZ-CTV)
  Objektträger und Deckgläschen

Reagenzien
  70% Ethanol
  3% KOH (Kaliumhydroxid)
  1% Phloxin
  Immersionsöl

Zuerst wurde das mit *S. longisporum* betitelte Herbarmaterial mikroskopiert, um sicher zu stellen, dass es sich bei den Proben auch wirklich um *S. longisporum* handelt. Hierzu wurde ein kleines Stück vom Fruchtkörper des Pilzes mit Hilfe des Stereomikroskops, einer Rasierklinge, Pinzette und Präpariernadel abgetrennt und auf einen Objektträger überführt. Der Objektträger wurde zuvor mit einer Mischung aus KOH und etwas Phloxin (hierzu wurde ein Tropfen KOH auf den Objektträger gegeben und vorsichtig mit Hilfe einer Präpariernadel etwas Phloxin hinzugefügt und gemischt) versehen. Über die Chemikalien und die Pilzprobe wurde vorsichtig ein Deckgläschen gelegt. Um die Möglichkeit einer Kontamination gering zu halten, wurde bei jeder Pilzprobe eine frische Rasierklinge verwendet, sowie die Pinzette und Präpariernadel mit Ethanol gereinigt. In Tab. 2 sind die ausgewählten Proben aufgelistet.

Für die morphologische und statistische Auswertung der Sporen wurden mit der eingebauten ICC 50 HD Kamera Bilder unter Verwendung der Software Leica Application Suite EZ V.3.2.1 (Leica Microsystems Ltd., Schweiz) erstellt. Messungen der Basidiosporenlänge und -breite wurden mit der Software „Makroaufmaßprogramm" von Jens Rüdings (https://ruedig.de/tmp/messprogramm.htm) gemacht. Dabei wurden nach Möglichkeit mindestens 30 Sporen vermessen. Mit der Software „Smaff" (Wilk 2012) wurden mögliche Ausreißer mit Ausreißertests (David et al. 1954, Grubbs

© Springer Fachmedien Wiesbaden GmbH, ein Teil von Springer Nature 2020
L. Lysenko, *Enträtselung der genetischen Variation von Subulicystidium longisporum*, BestMasters, https://doi.org/10.1007/978-3-658-29224-9_3

1950, Verma et al. 2006) ermittelt und entfernt. Dazu wurde zuerst die
Spalte „A=L*W" und danach die Spalte „Volume" nach Ausreißern unter-
sucht. Die statistische Auswertung erfolgte in Form einer Kastengrafik in
Microsoft Excel für Office 365 MSO (16.0.11001.20097) 32-Bit.

Tab. 2 Übersicht des ausgewählten *Subulicystidium longisporum* Probenmaterials für die
DNA-Isolation und morphometrische Untersuchungen.

Beleg	LABORNUMMER	Land/insel	Sammler	jahr
Ordynets_00162	80	Deutschland	A. Ordynets	2016
O_505525	84	Ecuador	L. Ryvarden	2002
KHL_11449	86	Costa Rica	K.-H. Larsson	2001
KAS_GEL_3519	91	Taiwan	G. Langer, E. Langer & C.-J. Chen	1996
KAS_GEL_3550	92	Taiwan	G. Langer, E. Langer & C.-J. Chen	1996
KAS_GEL_4878	94	Réunion	G. Langer, E. Langer & E. Hennen	1998
LY_11525	105	Réunion	J. Boidin	1985
LY_12346	107	Réunion	J. Boidin	1987
O_506262	109	Venezuela	L. Ryvarden	1999
O_506692	110	Russland	L. Ryvarden	2003
O_506783	113	Argentinien	L. Ryvarden	1982
O_909585	114	Argentinien	L. Ryvarden	1982
KHL_16458	116	Brasilien	K.-H. Larsson	2013
KHL_11289	117	Costa Rica	K.-H. Larsson	2001
Ordynets_00045	119	Deutschland	A. Ordynets	2014
TU_124397	120	Italien	A. Saitta	2014
KAS_L_0176	124	Réunion	E. Langer	2013
KAS_L_0183	125	Réunion	E. Langer	2013
KAS_L_0196	126	Réunion	E. Langer	2013
KAS_L_0204	127	Réunion	E. Langer	2013
KAS_GEL_4819	129	Réunion	G.Langer, E.Langer & E.Hennen	1998

Beleg	LABORNUMMER	Land/insel	Sammler	jahr
KAS_GEL_4883	130	Réunion	G.Langer, E.Langer & E.Hennen	1998
KAS_GEL_5207	131	Réunion	G.Langer, E.Langer & E.Hennen	1998
KAS_GEL_5026a	132	Réunion	G.Langer, E.Langer & E.Hennen	1998
O_506696	133	Russland	L. Ryvarden	2003
KAS_GEL_3424	134	Taiwan	G.Langer, E.Langer & C.-J.Chen	1996
O_909580	135	Zimbabwe	L. Ryvarden	1990
KHI_9227	136	Puerto Rico	K.-H. Larsson	1996
KHL_9282	137	Puerto Rico	K.-H. Larsson	1996
KHL_9377	138	Puerto Rico	K.-H. Larsson	1996
O_909587	139	Spanien	L. Ryvarden	1977
O_909597	140	Spanien	L. Ryvarden	1977
KHL_9669	142	Puerto Rico	K.-H. Larsson	1996
KHL_9689	143	Puerto Rico	K.-H. Larsson	1996
KHL_10006	145	Puerto Rico	K.-H. Larsson	1997
KHL_10045	146	Puerto Rico	K.-H. Larsson	1997
KHL_10221	147	Puerto Rico	K.-H. Larsson	1997
KHL_10602	149	Jamaica	K.-H. Larsson	1999
KAS_MS_4045	150	Deutschland	M. Striegel	2014
KAS_MS_4497	151	Deutschland	M. Striegel	2014
KAS_MS_4499	152	Deutschland	M. Striegel	2014
KAS_MS_4617	153	Deutschland	M. Striegel	2014
KAS_MS_5055	154	Deutschland	M. Striegel	2014
KAS_MS_5632	155	Deutschland	M. Striegel	2014
KAS_MS_5715	156	Deutschland	M. Striegel	2014
KAS_MS_5733	157	Deutschland	M. Striegel	2014
KAS_MS_6229	158	Deutschland	M. Striegel	2014

Beleg	LABORNUMMER	Land/insel	Sammler	jahr
KAS_MS_6231	159	Deutschland	M. Striegel	2014
KAS_MS_6316	160	Deutschland	M. Striegel	2014
KAS_MS_6382	161	Deutschland	M. Striegel	2014
KAS_MS_6860	162	Deutschland	M. Striegel	2015

3.2 DNA-Isolation

Materialien und Geräte
  Schwingmühle (Retsch Typ MM 300)
  Metallkugeln
  Zentrifuge
    Heraeus Fresco 21, Thermo Fisher Scientific
    Heraeus Biofuge fresco, Thermo Fisher Scientific
  Thermoplatte
    Thermoblock TB1, Biometra
    Digital Heatblock, VWR
  Reaktionsgefäße 1,5 ml und 2 ml
  E.Z.N.A.® Fungal DNA Mini Kit (OMEGA bio-tek)
    Hi-Bind® DNA mini columns
    2 ml collection tubes

Reagenzien
  Steriles, deionisiertes Wasser
  100% Ethanol
  Proteinase K (20 mg/ml, Ambion, Thermo Fisher Scientific)
  E.Z.N.A.® Fungal DNA Mini Kit (OMEGA bio-tek)
    FG1-Puffer
    FG2-Puffer
    FG3-Puffer
    DNA-Wasch-Puffer

Für die DNA-Isolation wurden zunächst kleine Stücke der jeweiligen Pilz-proben in 2 ml Reaktionsgefäße überführt. In jedes Reaktionsgefäß kamen zwei kleine und 2 große Metallkugeln hinzu und es erfolgte ein Mahlen in der Schwingmühle für 1 Minute bei 30 Hz. Anschließend erfolgte eine Sich-tung der Proben. Sofern noch größere Klumpen zu erkennen waren, wurde erneut gemahlen, bis ein feines Pulver für alle Proben vorhanden war. An-schließend wurden die Proben bei 13000 Umdrehungen pro Minute (rpm, rounds per minute) für 30 Sekunden zentrifugiert. Die Heizplatten wurden gestartet und auf 65° C eingestellt. Das sterile, deionisierte Wasser wurde vorgeheizt. Die DNA-Isolation erfolgte mit dem E.Z.N.A.® Fungal DNA Mini Kit. Zu jeder Probe wurden 600 µl FG1-Puffer hinzugefügt. Anschließend wurde sorgfältig gevortext. Dabei war darauf zu achten, dass sämtliche Klumpen aufgelöst wurden, da ansonsten der spätere Ertrag an isolierter DNA geringer ausfallen würde. Die Proben wurden mit 10 µl Proteinase K versetzt und sorgfältig gemischt. Es erfolgte eine Inkubation der Proben bei 65° C für 20 Minuten. Während dieser Zeitspanne wurden die Proben zweimal gemischt, indem die Reaktionsgefäße invertiert wurden. Anschließend wurden 140 µl FG2-Puffer hinzugefügt und gevortext. Es wurde bei 10000 rpm für 10 Minuten zentrifugiert. Das nun gereinigte Lysat (etwa 600 µl) wurde in ein neues 2 ml Reaktionsgefäß überführt, dabei war darauf zu achten, dass sich gebildete Pellet nicht gestört, und mit 300 µl FG3-Puffer, sowie 600 µl 100-prozentigem Ethanol versehen wurde. Die Reaktionsgefäße wurden invertiert, um die Reagenzien vollständig zu durchmischen. Auf ein 2 ml *collection tube* wurden die *Hi-Bind® DNA mini columns* gesteckt und 800 µl der Probe überführt. Aanschließend wurde bei 10000 rpm für eine Minute zentrifugiert. Das Filtrat wurde verworfen und die restliche Menge an Lysat wurde überführt und erneut bei 10000 rpm für eine Minute zentrifugiert. Die *Hi-Bind® DNA mini columns* wurden jeweils in ein neues 2 ml *collection tube* überführt und mit 750 µl DNA-Wasch-Puffer versetzt. Es wurde bei 10000 rpm für eine Minute zentrifugiert. Das Filtrat wurde verworfen und es erfolgte ein erneutes Waschen der DNA mit 750 µl DNA-Wasch-Puffer und 10000 rpm für eine Minute. Das Filtrat wurde erneut verworfen und es wurde für zwei Minuten bei 10000 rpm zentrifugiert. Die *Hi-Bind® DNA mini columns* wurden jeweils in ein neues 1,5 ml Reaktionsgefäß überführt und mit 100 µl sterilem, deionisertem und 65° C warmen Wasser versehen. Es erfolgte eine Inkubation für fünf Minuten bei Raumtemperatur. Im Anschluss wurde für eine Minute bei 10000 rpm zentrifugiert. Anschließend wurden erneut 100 µl Wasser hinzugefügt und für fünf Minuten bei Raumtemperatur inkubiert. Nach erneutem Zentrifugieren bei 10000 rpm für eine Minute, wurde die gewonnene DNA bei -20° C aufbewahrt.

3.3   Polymerasekettenreaktion (PCR, polymerase chain reaction)

Materialien und Geräte
     Thermocycler (Biometra)
          TGradient
          Tpersonal
          Tone
     PCR Tubes
     Eis
     Zentrifuge Sprout (Biozym)
     Transilluminator Ti5 mit BioDoc Analyze Software (Biometra)

Reagenzien
     Aqua bidest
     Magnesiumchlorid (MgCl$_2$, 50 mM, Bioline)
     dNTPs (5 mM, Bioline)
     Mango Taq DNA Polymerase (5 U/µl, Bioline)
     Bovine Serum Albumin (BSA, 20 mg/ml, Thermo Fisher Scientific)
     Reaktionspuffer (5x, MangoTaq™ Buffer Colored, Bioline)
     Primer fw (forward, 25 pmol, Invitrogen, Thermo Fisher Scientific)
     Primer rev (reverse, 25 pmol, Invitrogen, Thermo Fisher Scientific)

Die Polymerasekettenreaktion dient zur Amplifikation von bestimmten
DNA-Abschnitten. Hierzu werden zwei Oligonukleotide (Primer) benötigt,
welche das entsprechende DNA-Segment flankieren. Dabei binden die Primer in entgegengesetzter Richtung an die komplementären Einzelstränge
und die Taq-Polymerase synthetisiert mit Hilfe der hinzugefügten dNTPs
(Desoxyribonukleosidtriphosphate) das entsprechende DNA-Fragment
(Guevara-García et al. 1997). Dabei erfolgt die Amplifikation über viele
Zyklen der Denaturierung, dem Annealing und der Elongation. Als erster
Schritt erfolgt die Denaturierung der DNA. Hierzu wird die Temperatur auf
94°C aufgeheizt, so dass der Doppelstrang in Einzelstränge zerfällt. Im
zweiten Schritt, dem Annealing, wird die Temperatur auf den vom verwendeten Primerpaar benötigten Temperaturbereich (typischerweise zwischen 35°C und 65°C) herabgesetzt. In diesem Schritt lagern sich die Primer an die entsprechenden homologen DNA-Bereiche an. Im Elongations-
schritt (65°C-72°C) erweitert die Polymerase mit Hilfe der hinzugefügten
Nukleotide den DNA-Strang in 3'-Richtung (Weising et al. 2005). Für die
Amplifikation wurde im ersten Schritt das Primerpaar ITS1F/ITS4 verwendet (siehe Tab. 3).

Sofern nach dieser PCR keine Ergebnisse im Agarosegelbild zu erkennen waren, fand eine *nested PCR* statt. Bei der nested PCR handelt es sich um eine modifizierte PCR, bei der zwei PCR-Schritte durchgeführt werden, wobei das PCR-Produkt aus der ersten PCR als Template für die zweite PCR dient. Dabei wird beim ersten PCR-Schritt ein größeres DNA-Stück amplifiziert, während beim zweiten Schritt die Primer intern zu den ersten beiden liegen. Durch dieses Verfahren wird die Sensitivität und Spezifität erhöht, es ist dabei aber auf eine reinliche Vorgehensweise zu achten, da es durch Amplifikation von Kontaminationen oder nicht spezifischer DNA-Abschnitte ebenfalls zu erhöht falsch positiven Ergebnissen kommen kann (Carr et al. 2010, Wilczynski 2009). Hierzu wurde die erste PCR mit dem Primerpaar ITS1F/ITS4B gemacht, gefolgt von einer PCR mit dem Primerpaar ITS1/ITS4, wobei als Template das Produkt aus der ersten PCR diente.

Tab. 3 Übersicht der verwendeten Primer für die ITS Amplifikation.

	Primer	Sequenz
forward (fwd)	ITS1	5' - TCC GTA GGT GAA CCT GCG G - 3'
	ITS1F	5' - CTT GGT CAT TTA GAG GAA GTA A - 3'
reverse (rev)	ITS4	5' - TCC TCC GCT TAT TGA TAT GC- 3'
	ITS4B	5' - CAG GAG ACT TGT ACA CGG TCC AG – 3'

Für die PCR wurde als erstes ein Mastermix erstellt (siehe Tab. 4). Dabei fanden alle Arbeitsgänge auf Eis statt und es wurde darauf geachtet, dass sämtliche Reagenzien (außer der DNA-Probe) vorher sorgfältig gevortext wurden. Anschließend wurden jeweils 22,5 µl des Mastermixes auf die PCR-Reaktionsgefäße verteilt. Ein PCR-Reaktionsgefäß wurde zusätzlich zu den Proben als Negativkontrolle angelegt. In die PCR-Reaktionsgefäße wurden jeweils 2,5 µl des DNA-Isolates pipettiert und der Negativkontrolle wurden 2,5 µl destilliertes Wasser hinzugefügt.

Tab. 4 Zusammensetzung des Mastermixes für die PCR.

Komponente	Stammkonzentration	Endkonzentration	Volumen pro Ansatz (µl)
Aqua bidest			15,1
Puffer	5 x	1 x	5
dNTPs	5 mM	0,2 mM	1
MgCl₂	50 mM	2 mM	1
BSA	20 µg/µl	0,8 µg/µl	1
Primer fw	25 µM	0,4 µM	0,4
Primer rev	25 µM	0,4 µM	0,4
Polymerase	5 U/µl	0,5 U/25 µl	0,1

Die Proben wurden kurz zentrifugiert und anschließend in den Thermocycler überführt und das Programm „ITS12-55" gestartet (Tab. 5).

Tab. 5 Aufbau des verwendeten PCR-Programms zur ITS-Amplifikation.

Schritt	Temperatur [°C]	Dauer	Anzahl Zyklen
Initiale Denaturierung	94° C	3 Minuten	1
Denaturierung	94° C	30 Sekunden	
Annealing	55° C	45 Sekunden	30
Elongation	72° C	59 Sekunden	
Finale Elongation	72° C	7 Minuten	1
Pause	4° C		

3.4   Agarose-Gelelektrophorese

Materialien und Geräte
Präzisionswaage (Sartorius Practum1102-1S)
Mikrowelle
Magnetrührer RH basic 2 (IKA)
Gelbett, -kämme, -wanne
Stromversorgungsgerät (BIO105 LVD, Biometra)
Geldokumentationssystem (BioDoc Analyze, Biometra)

Reagenzien
Agarose 1% in 1x TBE (Tris-Borat-EDTA)
Laufpuffer 1x TBE
90 mM Tris (Tris-(hydroxymethyl)-aminomethan)
90 mM Borat
2 mM EDTA (Ethylendiamintetraessigsäure)
GelRed® Nucleic Acid Gel Stain (Biotium)
Längenstandard Thermo Scientific Gene Ruler 100 bp DNA Ladder (0,5µg/µl) (Thermo Fisher)

Bei der Gelelektrophorese handelt es sich um eine Methode zur Trennung von Molekülen. Diese Moleküle bewegen sich bei angelegter Spannung je nach Ladung und Größe unterschiedlich schnell durch das Gel, welches in einer ionischen Pufferlösung liegt. Agarosegele eignen sich dabei wegen ihrer Großporigkeit besonders gut zur Trennung von DNA (Purves et al. 2006). Mittels der Agarose-Gelelektrophorese können DNA-Fragmente von 100 bis 10000 Basenpaare (bp) Länge aufgetrennt werden (Weising et al. 2005). Je höher die Agarose-Konzentration, desto kleiner der Porenradius im erstarrten Gel. Um den Erfolg der zuvor durchgeführten PCR zu überprüfen wurde ein 1%iges Agarosegel verwendet. Hierzu wurden 1 g Agarose mit 100 ml 1x TBE-Puffer aufgefüllt und in der Mikrowelle so lange erhitzt, bis die Agarose vollständig gelöst war und keine Schlieren mehr zu erkennen waren. Mit Hilfe eines Wasserbades und eines Magnetrührers wurde die Agarose auf etwa 60°C herabgekühlt und anschließend jeweils 40 ml Agarose mit 9 µl 1:10 verdünntem GelRed® versehen. Dieser Farbstoff sorgte später für ein Fluoreszieren der DNA unter UV-Licht. Es erfolgte ein kurzes Umrühren, um das GelRed® zu verteilen, und ein anschließendes Gießen in die Gelbetten mit Gelkämmen. Hierbei ist auf ein zügiges Arbeiten zu achten, damit die Agarose gleichmäßig erstarrt. Das Agarosegel wurde etwa 30 Minuten zum Aushärten stehen gelassen. Nach Entfernen der Kämme wurde das Gel in die Gelwanne überführt, welche

zuvor mit 1x TBE-Puffer befüllt wurde. Anschließend wurde das Gel bela-
den. Dazu wurde mindestens eine Tasche pro Reihe mit 1 µl Längenstandard und die restlichen Taschen jeweils mit 3 µl der jeweiligen PCR-Probe
und der Negativkontrolle versehen. Aufgrund des verwendeten PCR-Re-
aktionspuffers war ein zusätzliches Mischen der DNA-Proben mit einem
Auftragspuffer nicht notwendig. Die Gelelektrophorese wurde bei 100 V für
etwa 30 Minuten laufen gelassen und anschließend ausgewertet. Dazu
wurden die Gele in das Geldokumentationssystem eingelegt, welches
durch UV-Licht die Banden zum fluoreszieren brachte, so dass eine Betrachtung und fotographische Erfassung am Computer möglich waren.

3.5   Aufreinigung der DNA und Versand zum Sequenzieren

Materialien und Geräte
    Zentrifuge
        Heraeus Fresco 21, Thermo Fisher Scientific
        Heraeus Biofuge fresco, Thermo Fisher Scientific
    Reaktionsgefäße 1,5 ml
    QIAquick PCR Purification Kit (Qiagen)
        Collection Tubes
        QIAquick Spin Columns
        Collection Tubes

Reagenzien
    3 M Natriumacetat
    QIAquick PCR Purification Kit (Qiagen)
        PB Puffer
        PE Puffer
        EB Puffer
    Primer fw 5 pmol
    Primer rev 5 pmol

Die DNA-Proben, die im Agarosegel für eine spezifische amplifizierte Region Banden erkennen ließen wurden mit dem QIAquick PCR Purification
Kit aufgereinigt. Dazu wurden vorab 25 ml PB Puffer mit 500 µl 3 M Natri-
umacetat gemischt. Die Collection Tubes wurden mit QIAquick Spin Columns versehen und es wurden 120 µl der Puffer-Natriumacetat-Mischung
überführt. Anschließend erfolgte ein vorsichtiges überführen der DNA-Proben, wobei mit Hilfe der Pipette gemischt wurde (dabei war darauf zu achten, nicht den Filter zu berühren). Es erfolgte ein Zentrifugieren für eine
Minute bei 13000 rpm. Der Durchfluss wurde verworfen. Es wurden 750 µl

PE Puffer hinzugefügt und erneut für eine Minute bei 13000 rpm zentrifugiert. Der Durchfluss wurde verworfen und es erfolgte ein Trockenzentrifugieren für eine Minute bei 13000 rpm. Die QIAquick Spin Columns wurden in 1,5 ml Reaktionsgefäße überführt und es wurden 40 µl EB Puffer hinzugefügt. Die Proben wurden für 5 Minuten bei Raumtemperatur inkubiert und für eine Minute bei 13000 rpm zentrifugiert.

Für den Versand zum Sequenzieren wurden jeweils 5 µl der aufgereinigten Probe in 1,5 ml Reaktionsgefäße mit jeweils 5 µl Vorwärtsprimer bzw. Rückwärtsprimer pipettiert. Dabei wurden dieselben Primer wie zuvor in der PCR verwendet, wobei für die nested-PCR jeweils das Primerpaar der zweiten PCR verwendet wurde. Die Proben wurden durch die GATC Biotech AG mit der Sangermethode (Sanger et al. 1977) sequenziert.

3.6 Bearbeitung der Sequenzen

Die rohen Sequenzen wurden mit Geneious Version 5.6.7 (http://www.geneious.com, Kearse et al. 2012) bearbeitet und sofern beide Sequenzen vorhanden waren (vorwärts und rückwärts) eine Konsensussequenz erstellt. Die Sequenzen wurden dabei auf unklare Basen hin durchsucht und manuell bearbeitet. Hierbei wurden zunächst der Anfang und das Ende der Sequenz, welche zumeist über eine geringe Qualität verfügen, getrimmt. Im Anschluss wurden die Sequenzen nach unklaren Basen durchsucht und sofern beide Sequenzen vorhanden waren, die entsprechende Base aus der klaren Sequenz übernommen. Sofern eine eindeutige Base bei dem Vergleich nicht ermittelt werden konnte, oder nur eine Sequenz vorhanden war, wurde der IUPAC-Code für Nukleotide verwendet (International Union of Pure and Applied Chemistry). Es erfolgte eine subjektive Qualitätsbeurteilung der Sequenzen, sowie der Abgleich mit der UNITE 7.2 Datenbank (Kõljalg et al. 2013; https://unite.ut.ee), um eventuelle Kontaminationen zu detektieren.

Zusätzlich wurden Sequenzen die als *S. longisporum* deklariert wurden aus früheren Bearbeitungen der Abteilung (vgl. Tab. 6), als auch aus GenBank (Benson et al. 2005; https://www.ncbi.nlm.nih.gov/genbank/) und PlutoF (Abarenkov et al. 2010; https://plutof.ut.ee/#/) (vgl. Tab. 7) zur weiteren Bearbeitung herangezogen.

Tab. 6 Übersicht der *Subulicystidium longisporum* Sequenzen aus früheren Bearbeitungen der Arbeitsgruppe Ökologie an der Universität Kassel.

BELEG	Land/Insel	Sammler	Jahr
KHL_16923	Brasilien	K.-H. Larsson	2015
CWU_6737	Ukraine	A. Ordynets	2013
Ordynets_00146	Deutschland	A. Ordynets	2015
KHL_9786	Dominikanische Republik	K.-H. Larsson	1997
KAS_GEL_4882	Réunion	G.Langer, E.Langer & E.Hennen	1998
KHL_10465	Puerto Rico	K.-H. Larsson	1998
KHL_14229	Schweden	K.-H. Larsson	2009
KHL_14333	Madagaskar	K.-H. Larsson	2010

Tab. 7 Übersicht der ausgewählten Sequenzen aus den Datenbanken PlutoF und Gen-Bank.

BELEG	ID	LAND/IN-SEL	SAMMLER	JAHR
LE_286855	GenBank KP268490	Russland	S. V. Volobuev	2011
LE_292121	GenBank KP268491	Russland	S. V. Volobuev	2012
KAS_L_0026	UDB024238|L0026_ITS_Subulicystidium_longisporum	Réunion	E. Langer	2013
KAS_L_0092	L0092_ITS	Réunion	E. Langer	2013
KAS_L_0184	L0184_ITS	Réunion	E. Langer	2013
KAS_L_1532	UDB024253|AOrd_Subulicystidium	Réunion	M. Striegel	2013
KAS_L_1824	UDB034064|L1824_ITS	Réunion	J. Riebesehl, M. Schroth	2015
TU_109534	UDB031130|109534	Estland	V. Spirin	2015
TU_124391	124391|UDB028356	Italien	A. Saitta	2013
TU_124392	124392|UDB028357	Italien	A. Saitta	2015
TU_124393	124393|UDB028358	Italien	A. Saitta	2011

BELEG	ID	LAND/IN-SEL	SAMMLER	JAHR
TU_124394	124394|UDB028359	Italien	A. Saitta	2014
TU_124395	124395|UDB028360	Italien	A. Saitta	2014
TU_124396	124396|UDB028361	Italien	A. Saitta	2014
TU_124398	124398|UDB028363	Italien	A. Saitta	2009
TU_124400	124400|UDB028365	Italien	A. Saitta	2012
H_6012644	UDB031894|2001	Finnland	O. Miettinen	2010

Alle für qualitativ gut befundenen Sequenzen wurden als Fasta Format gespeichert und mit der Onlineform von MAFFT Version 7 (Katoh et al. 2017) aligniert. Dazu wurde der L-INS-i Algorithmus verwendet. Das fertige Alignment wurde mit Hilfe der auf der Plattform PlutoF (Abarenkov et al. 2010) implementierten ITSx Funktion (Bengtsson-Palme et al. 2013) auf die einzelnen Grenzen der ITS-Regionen detektiert und anschließend in AliView Version 1.19 (Larsson 2014) nach den durch ITSx berechneten Grenzen zu Beginn von ITS1 und am Ende von ITS2 manuell abgeschnitten.

3.7 Phylogenetische Untersuchungen

Die phylogenetischen Untersuchungen erfolgten nach der Maximum-Likelihood-Methode und der Bayes'schen Inferenz. Dabei ähnelt die Bayes'sche Inferenz der Maximum-Likelihood-Methode. In beiden Fällen suchen die Methoden nach dem Baum, welcher nach dem ausgewählten Evolutionsmodell die Daten am besten widerspiegelt. Während jedoch die Maximum-Likelihood-Methode den Baum sucht, der die Wahrscheinlichkeit der gegebenen Sequenzdaten maximiert, sucht die Bayes'sche Inferenz nach dem Baum, dessen Wahrscheinlichkeiten unter den gegebenen Daten und innerhalb des gewählten Evolutionsmodelles maximiert werden. Dadurch, dass die Bayes'sche Inferenz schneller bei der Errechnung der Unterstützung von Kladen ist, können mit ihr komplexere Evolutionsmodelle verwendet werden (Raja et al. 2017).

Die Analysen wurden mit MEGA7: Molecular Evolutionary Genetics Analysis version 7.0 for bigger datasets (Kumar et al. 2016) und MrBayes v 3.2.6 x64 (Huelsenbeck und Ronquist 2001, Ronquist und Huelsenbeck 2003, Ronquist et al. 2012) erstellt.

In' MEGA7 fand eine Überprüfung des fertigen Alignments mit Hilfe der in
MEGA7 implementierten Funktion „Find best DNA/Protein Models (ML)"
statt. Hierzu wurde das fertige Alignment als Fasta Format in MEGA7 ge-
öffnet und die Analyse mit der „Complete deletion" Auswahl für „Gaps/Mis-
sing Data Treatment" gestartet, wodurch sämtliche Lücken und fehlende
Daten im gesamten Alignment gelöscht wurden, da es aufgrund von Lücken innerhalb des Alignments zu einer „statistischen Inkonsistenz" kommen kann (Warnow 2012). Als bestes Modell für den Datensatz wurde das
T92 + G-Modell (Tamura-3-Parameter-Modell, gamma distributed) ermittelt (Tamura 1992, Yang 1993). Die Qualitätsbewertung erfolgte mit Hilfe
des Bootstrapping-Verfahrens (Felsenstein 1985), wobei die Wiederho-
lungsanzahl auf 1000 gesetzt wurde.

In MrBayes v 3.2.6 x64 erfolgte die Analyse mit dem GTR+G-Modell (ge-
neralised time-reversible, Tavaré 1986), da dieses Programm das T92+G-
Modell nicht unterstützt und es sich bei dem GTR-Modell um das komple-
xeste Evolutionsmodell handelt. Da MrBayes, im Gegensatz zu MEGA7,
eine Außengruppe benötigt, wurden hierzu zwei Proben (*Sistotremastrum
guttuliferum* Dueñas, Tellería & M.P. Martín (KAS_L_1408) und *Sistotremastrum suecicum* Litsch. ex J. Eriksson (KHL_11849)) aus der Schwestergruppe *Sisitotremastrum* ausgewählt. Die Bayes'sche Inferenz erfolgte
mit 1.000.000 Wiederholungen und einem Burnin von 25%. Die posteriori
Wahrscheinlichkeiten wurden mit der „Markov chain Monte Carlo"-Me-
thode (MCMC; Metropolis et al. 1953, Hastings 1970, Geyer 1991) und
einer Stichprobe jedes tausendsten Kladogramms berechnet.

Die Einteilung der Kladen erfolgte mit einem Bootstrapsupport $\geq 70\ \%$ (Hillis und Bull 1993) und/oder einer a posteriori Wahrscheinlichkeit von
$\geq 95\ \%$ (Cummings et al. 2003, Simmons et al. 2004).

3.8   Genetische Analysen mit R

Zusätzlich zu den mit MEGA7 und MrBayes v 3.2.6 x64 erstellten
Kladogrammen fand eine Analyse der Daten mit Hilfe von R Version 3.5.1
(2018-07-02) (R development core team 2018, http://www.r-project.org)
statt. Unter Verwendung von RStudio Version 1.1.414 (RStudio team
2016, http://www.rstudio.com) wurden die genetischen Distanzen berechnet, ein Haplotyp-Netzwerk erstellt und es fand eine Überprüfung auf den
Zusammenhang zwischen genetischer und geographischer Distanz statt.

3.8.1   Berechnung der genetischen Distanzen

Zur Ermittlung der genetischen Distanz wurden die unkorrigierten paarweisen Unterschiede der Sequenzen berechnet. Hierzu wurde der Prozentsatz von Stellen kalkuliert, welche sich in jeweils zwei Sequenzen unterscheiden. Dabei wurde die gesamte Sequenzlänge, inklusive der Lücken
verwendet (Schoch et al. 2012, Kõljalg et al. 2013).

Dies erfolgte unter Verwendung der Funktion „dist.dna" des Paketes „ape"
Version 5.1 (Paradis et al. 2004). Hierzu wurde als Modell „raw" benutzt
und „pairwise.deletion" auf „TRUE" gesetzt. Daebei erfolgte eine paarweise Löschung von Lücken innerhalb des Alignments (anderfalls würde
eine komplette Deletion stattfinden). Die graphische Darstellung der Ergebnisse erfolgte mit dem Paket „ggplot2" Version 2.2.1 (Wickham 2009).

Um den lokalen minimalen Wert der genetischen Distanzen zu finden,
wurde mit den Funktionen „localMinima" und „treshOpt" des Paketes „spider" Version 1.5.0 (Brown et al. 2012) gearbeitet. Im Anschluss wurden die
Sequenzen mit der Funktion „tclust", welche ebenfalls im Paket „spider"
enthalten ist, nach dem ermittelten optimierten lokalen Minimum eingeteilt.

3.8.2   Haplotyp-Netzwerk

Das Haplotyp-Netzwerk wurde mit dem Paket „pegas" Version 0.10 (Paradis 2010) erstellt. Hierzu wurden zunächst die Haplotypen mit der Funktion
„haplotype" ermittelt und anschließend mit der Funktion „haploNet" das
Netzwerk erstellt. haploNet verwendet dabei die Hamming-Distanz (Hamming 1950) und löscht paarweise fehlende Daten der Sequenzen. Zur farb-
lichen Gestaltung des Haplotyp-Netzwerkes wurde mit Hilfe des Paketes
„pals" Version 1.5 (Wright 2018) und der Funktion „glasbey" eine Farbpa-
lette aus maximal verschiedenen Farben erstellt (Glasbey et al. 2007).

Die Qualitätsbewertung der Verknüpfungen erfolgt nach der Templeten-
Wahrscheinlichkeit (Templeton et al. 1992). Dabei gelten Werte ≥ 95 % als
hohe statistische Unterstützung. Die Ermittlung des Netzwerkes basiert
dabei auf dem Parsimonie-Prinzip, welches den Baum präferiert, der die
Gesamtanzahl an Basenänderungen minimiert (Knoop und Müller 2009).

3.8.3   Regressionsanalyse

Für die Regressionsanalysen wurden zuerst die geographischen Koordinaten, sofern vorhanden, durch den Google Maps Konverter (https://www.gpskoordinaten.de/gps-koordinaten-konverter) von den GMS (Grad, Minute, Sekunde) in DZ-Werte (Dezimalgrad) konvertiert. Proben, die über keine eindeutigen Koordinaten verfügten, wurden mit Hilfe der Lokalitätsbeschreibung auf den Herbarbelegen und Google Maps mit geographischen Koordinaten versehen.

Die Berechnung der Distanzmatrix erfolgte wie in Kapitel 3.8.1 beschrieben.

Mit der Funktion „adonis" aus dem Paket „vegan" Version 2.4.6 (Oksanen et al. 2018) fand eine PERMANOVA (Permutational Multivariate Analysis of Variance) statt, um zu überprüfen, ob ein Zusammenhang zwischen der genetischen Distanz und den Ursprungsländern/-kontinenten der Proben besteht (Excoffier et al. 1992, Legendre und Anderson 1999, Anderson 2001 und 2017, McArdle und Anderson 2001, Warton et al. 2012). Dabei wurde mit einer Permutationszahl von 999 gearbeitet.

Für die MRM (Multiple Regression on distance Matrices; Legendre et al. 1994, Lichstein 2007) wurde die Funktion „MRM" des Paketes "ecodist" Version 2.0.1 (Goslee und Urban 2007) benutzt. Dazu wurde zunächst eine Distanzmatrix der geographischen Entfernungen mit der Funktion „earth.dist" des Paketes „fossil" Version 0.3.7 (Vavrek 2011) berechnet. Im Anschluss fand eine MRM in Bezug auf die genetische und die geographische Distanz statt. Hierzu wurde eine Permutationszahl von 999 verwendet, als Methode „linear" genutzt, sowie der Spearmans Rangkorrelationskoeffizient (Spearman 1904) gewählt.

4. Ergebnisse

4.1 PCR, Gelelektrophorese und Rohsequenzen

Es konnten insgesamt 40 Sequenzen aus den anfänglichen 51 Proben gewonnen werden. Bei den Proben O_505525, Ordynets_00045 und KAS_GEL_4883 waren keine Banden im Agarosegel erkennbar. Die Proben Ordynets_00162, O_506262, O_506692, KAS_L_0204, KHL_9669 und KHL_10602 wiesen Sequenzen mit uneindeutigen Basenabfolgen auf, so dass sie von den weiteren Untersuchungen ausgeschlossen wurden. Die Sequenzen der Proben KAS_L_0196 und O_909587 führten beim Datenbankabgleich zu anderen Arten, so dass es sich um amplifizierte Kontaminationen handelt, welche ebenfalls aus den weiteren Untersuchungen entfernt wurden. Schlussendlich wurden zusammen mit den 25 Proben von früheren Arbeiten der Forschungsgruppe und den Proben aus Online-Datenbanken 65 Sequenzen für weiterführende Untersuchungen ausgewählt.

4.2 Alignment

Das anfängliche Alignment bestand aus insgesamt 65 Sequenzen (Abb. 2). Die Probe TU_109534 wies die längste Sequenz mit 575 bp ohne Lücken auf, während KAS_L_0184 die kürzeste Sequenz mit 365 bp aufwies. Um spätere Berechnungsfehler aufgrund der unterschiedlichen Sequenzlängen zu vermeiden, wurden die Sequenzen L_0184, L_0176, KHL_11289, LY_12346, KAS_L_0092 und KAS_MS_6231 für die weiteren Untersuchungen aus dem Alignment entfernt. Dadurch konnte die minimale Fragment-Länge von 500 bp für offizielle DNA-Barcodes weitestgehend eingehalten werden (Mutanen et al. 2015). Lediglich die Probe O_506783 liegt mit 496 bp (ohne Lücken) leicht darunter.

Das fertige Alignment enthält 59 Nukleotidsequenzen und weist 632 bp (inklusive Lücken) auf. Dabei sind 342 bp konserviert, 271 bp sind variabel und 199 bp sind parsimonie-informativ.

Der ITS1 Abschnitt erstreckt sich über die ersten 247 bp, gefolgt vom 5.8S Bereich mit 158 bp und ITS2 Abschnitt mit 227 bp. Während der 5.8S-Abschnitt wenige Sequenzunterschiede aufweist und über keine Lücken verfügt, weisen ITS1 und ITS2 unterschiedliche Basenabfolgen auf.

© Springer Fachmedien Wiesbaden GmbH, ein Teil von Springer Nature 2020
L. Lysenko, *Enträtselung der genetischen Variation von Subulicystidium longisporum*, BestMasters, https://doi.org/10.1007/978-3-658-29224-9_4

Innerhalb des konservierten 5.8S-Abschnittes liegen an der 367., 380. und 385. Position (inklusive Lücken) Nukleotid-Polymorphismen vor. So weisen die Proben LY_11525 und KHL_11449 an der 367. Stelle ein Adenin (A) und die fünfte Gruppe (vgl. Anhang Tab. 11) ein Cytosin (C), während die übrigen Sequenzen an dieser Stelle ein Thymin (T) enthalten. An Position 380 verfügen die Gruppen 2-4 (vgl. Anhang Tab. 11) über ein Thymin, die sechste und siebte Gruppe (vgl. Anhang Tab. 11), sowie Probe KAS_GEL_4882 über ein Adenin und die erste Gruppe (vgl. Anhang Tab. 11), sowie Probe KAS_GEL_5207 und TU_124397, über ein Thymin. An der 385. Position weist Probe KAS_GEL_4882 ein Guanin (G) statt eines Adenins auf.

Im ITS1-Abschnitt weisen die Proben TU_124392-124395, TU_124398, TU_124400 und KHL_9786 an den Positionen 143-166 (inklusive Lücken) eine durchgehende Nukleotidabfolge auf, während die übrigen Proben an diesen Stellen zum Teil keinerlei Nukleotide aufweisen.

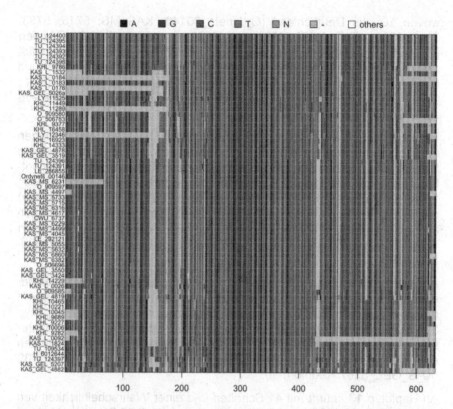

Abb. 2 Gekürztes ITS-Alignment. Das mit der Onlineversion von MAFFT (Katoh et al. 2017) erstellte und durch PlutoF-ITSx (Abarenkov et al. 2010, Bengtsson-Palme et al. 2013) gekürzte ITS Alignment. Es beinhaltet 65 Sequenzen und hat eine Gesamtlänge von 632 bp. Über die ersten 247 bp erstreckt sich ITS1, gefolgt von 5.8S mit einer Länge von 158 bp und ITS2 mit einer Länge von 227 bp. ITS1 und ITS2 weisen, im Gegensatz zu 5.8S, viele Lücken und Ungleichmäßigkeiten in der Basenabfolge auf.

4.3 Haplotyp-Netzwerk

Es haben sich insgesamt 40 Haplotypen ergeben, deren Verknüpfungen zwischen einem und 92 Schritten liegen (Abb. 3, Anhang Tab. 9 und Tab. 10). Haplotyp 1 besteht aus fünf Sequenzen, die alle aus Italien stammen (TU_124392-TU_124395, TU_124400). Haplotyp 15 beinhaltet zwei Sequenzen (KAS_GEL_4878 Réunion, KAS_GEL_3519 Taiwan), Haplotyp 19 bildet den am meisten frequentierten Haplotyp mit 12 Sequenzen, wovon 10 aus Deutschland (Ordynets_00146, KAS_MS: 5715, 5733, 6316, 6860, 4045, 4497, 4499, 4617, 5632) stammen, eine aus Spanien (O_909597) und eine aus Russland (LE_292121). Haplotyp 20 beinhaltet zwei Sequenzen (CWU_6737 Ukraine, KAS_MS_6229 Deutschland) und Haplotyp 31 wird von drei Sequenzen aus Puerto Rico gebildet (KHL: 10221, 9227, 9689). Die restlichen Haplotypen weisen jeweils nur eine einzelne Sequenz auf.

Haplotyp 6 weist, mit einer Anzahl von sieben, die meisten Verknüpfungen auf. So knüpft Haplotyp 4 (KAS_L_1532 Réunion) 20 Schritten, Haplotyp 5 (KAS_GEL_5026a Réunion) mit 29 Schritten, Haplotyp 1 mit 38 Schritten, Haplotyp 7 (LY_11525 Réunion) mit 39 Schritten, Haplotyp 8 (KHL_ 11449 Costa Rica) mit 42 Schritten, Haplotyp 10 (O_506783 Argentinien) mit 53 Schritten und Haplotyp 13 (KHL_16923 Brasilien) mit 58 Schritten an Haplotyp 6 an. Während die erste Verknüpfung noch eine Templeton Wahrscheinlichkeit von 84 % aufweist, sinkt diese bis zur letzten Verknüpfung auf 25 %.

An Haplotyp 1 knüpfen der Haplotyp 2 mit 4 Schritten Unterschied, welcher ebenfalls eine aus Italien stammende Probe beinhaltet (TU_124398) und mit einer Wahrscheinlichkeit von 99 % gestützt wurde, sowie der Haplotyp 3 (KHL_9786 Dominikanische Republik) mit 37 Schritten und einer Wahrscheinlichkeit von lediglich 56 % an. Von Haplotyp 3 geht mit 59 Schritten eine statistisch sehr schwach gestützte Verbindung zu Haplotyp 39 (KAS_GEL_5207 Réunion) ab.

An Haplotyp 13 knüpft mit 41 Schritten und einer Wahrscheinlichkeit von 49 % Haplotyp 14 (KHL_14333 Madagaskar) und mit 77 Schritten Abstand und einer Wahrscheinlichkeit von 9 % Haplotyp 38 (TU_124397 Italien) an. An Haplotyp 14 ist mit 10 Schritten Unterschied und einer statistischen Unterstützung von 96 % Haplotyp 15 gebunden.

Von Haplotyp 10 geht mit 11 Schritten Abstand und einer statistischen Unterstützung von 95 % eine Verknüpfung an Haplotyp 11 (KHL_9377 Puerto Rico) und an diesen knüpft mit 12 Schritten Unterschied und einer Wahrscheinlichkeit von 94 % Haplotyp 12 (KHL_16458 Brasilien).

Mit 52 Schritten Unterschied und einer statistischen Unterstützung von lediglich 33 % geht es von Haplotyp 10 zu Haplotyp 9 (O_909580 Zimbabwe) und von diesem mit 69 Basen Unterschied und einer Wahrscheinlichkeit von 14 % zu Haplotyp 32 (KHL_10045 Puerto Rico).

Von Haplotyp 32 geht mit einer Base Unterschied und 100 % Unterstützung der von drei puertoricanischen Proben frequentierte Haplotyp 31

(KHL: 9227, 9689, 10221) aus. Von diesem geht mit vier Schritten Abstand Haplotyp 35 (KAS_L_1824 Réunion) und mit zwei Schritten Abstand Haplotyp 30 (KHL_10465 Puerto Rico) ab. Von Haplotyp 30 folgt in zwei Schritten Abstand Haplotyp 33 (KHL_10006 Puerto Rico) und von diesem in einem Schritt Abstand Haplotyp 34 (KHL_9282 Puerto Rico).

Von Haplotyp 32 geht es mit 51 Schritten und einer statistischen Unterstützung von 35 % zu Haplotyp 18 (LE_286855 Russland).

Von der Probe LE_286855 geht mit acht Basen Unterschied die Probe O_506696 (Haplotyp 23), ebenfalls aus Russland, ab, an welche mit sechs Basen Unterschied, der am höchsten frequentierte Haplotyp 19 anknüpft. Von diesem unterscheidet sich der Haplotyp 20 (KAS_MS_6229 Deutschland, CWU_6737 Ukraine) mit einem Schritt, Haplotyp 22 (KAS_MS_6382 Deutschland) mit zwei Schritten, Haplotyp 21 (KAS_MS_5055 Deutschland) mit vier Schritten und Haplotyp 24 (KAS_GEL_3550 Taiwan) mit sechs Schritten. Von Haplotyp 24 unterscheidet sich Haplotyp 25 (KAS_GEL_3424 Taiwan) mit ebenfalls sechs Schritten und an diesen knüpft mit 22 Basen Unterschied und einer statistischen Unterstützung von 81 % die Probe KAS_L_0026 (Haplotyp 27 Réunion) an.

Von Haplotyp 18 unterscheidet sich die Probe KHL_14229 (Haplotyp 26 Schweden) mit einer Base, gefolgt von Haplotyp 16 (TU_124396 Italien) und Haplotyp 17 (TU_124391 Italien) ebenfalls mit jeweils einer Base Unterschied.

Von KHL_14229 geht mit 62 Basen Unterschied und einer statistischen Unterstützung von 20 % der Haplotyp 36 (TU_109534 Estland) ab, welcher sich durch vier Basen von Haplotyp 37 (H_6012644 Finnland) unterscheidet. An diesen knüpft mit 92 Schritten und 3 % Wahrscheinlichkeit Haplotyp 40 (KAS_GEL_4882 Réunion) an.

An Haplotyp 16 knüpft mit 42 Basen Unterschied und einer Wahrscheinlichkeit von 47 % Haplotyp 28 (O_909585 Argentinien) und von diesem unterscheidet sich Haplotyp 29 (KAS_GEL_4819) mit 47 Basen.

Zusammenfassend lassen sich insgesamt sechs Gruppen, deren Verknüpfungen hohe statistische Unterstützungen aufweisen (Templeton-Wahrscheinlichkeit ≥ 95 %) ableiten (vgl. Anhang Tab. 10). Die erste Gruppe besteht dabei aus den Proben TU_124392-124395, 124400 (Haplotyp 1 Italien) und der Probe TU_124398 (Haplotyp 2 Italien). Die zweite Gruppe bilden die Proben KAS_GEL_4878, KAS_GEL_3519 (Haplotyp 15) und die Probe KHL_14333 (Haplotyp 14). In der dritten Gruppe befinden sich die Proben O_506783 (Haplotyp 10), KHL_9377 (Haplotyp 11) und KHL_

16458 (Haplotyp 12). Die vierte Gruppe besteht aus den Proben
KHL_10465, KHL_9227, KHL_9689, KHL_10221, KHL_10045, KHL_
10006, KHL_9282 und KAS_L_1824 (Haplotyp 30 – 35). Die fünfte Gruppe
beinhaltet die gesamten aus Deutschland (KAS_MS-Proben, Ordy-
nets_00146) stammenden Proben, die drei aus Russland stammenden
Proben (LE_ 286855, LE_292121, O_506696), zwei Proben aus Italien
(TU: 124392, 124396), eine aus Spanien (O_909597), eine aus der Ukra-
ine (CWU_6737), eine aus Schweden (KHL_14229) und zwei Proben aus
Taiwan (KAS_GEL: 3424, 3550) (Haplotypen 16 – 26); hierbei wird die
Verknüpfung zur Probe KAS_L_0026 mit 81 % gestützt. Die sechste
Gruppe wird von den Proben TU_109534 (Haplotyp 36 Estland) und
H_6012644 (Haplotyp 37 Finnland) gebildet. Die Verbindung der Proben
KAS_L_1532 und KAS_GEL_5026a weist 84 % auf. Im Falle der Proben
KAS_GEL_5026a und KAS_L_0183 sind es 71 %. Die übrigen Werte lie-
gen deutlich unter 56 %.

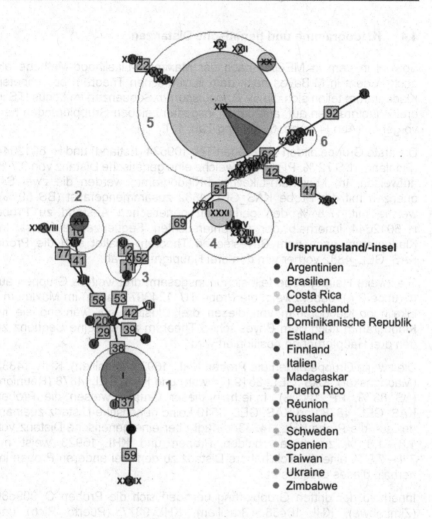

Ursprungsland/-insel

- Argentinien
- Brasilien
- Costa Rica
- Deutschland
- Dominikanische Republik
- Estland
- Finnland
- Italien
- Madagaskar
- Puerto Rico
- Réunion
- Russland
- Schweden
- Spanien
- Taiwan
- Ukraine
- Zimbabwe

Abb. 3 Haplotyp-Netzwerk nach dem Parsimonieprinzip. Das Haplotyp-Netzwerk wurde mit dem Paket „pegas" Version 0.10 (Paradis 2010) erstellt. Es wurden insgesamt 40 Haplotypen ermittelt. Dabei ist die Größe der Kreise in Relation zu den in den Haplotypen enthaltenen Proben. In den grauen Kästchen auf den Linien sind die Unterschiede zwischen den Haplotypen dargestellt. Die Länge der Linien ist in Relation zu den Unterschieden gesetzt. Haplotyp 6 weist mit sieben die meisten Verknüpfungen auf. Rot eingekreist sind die sechs Gruppen (rote Zahlen 1-6) deren Verknüpfungen mit einer statistischen Unterstützung ≥ 95 % (Templeton et al. 1992) gestützt werden. 1: Haplotyp 1-2; 2: Haplotyp 14-15; 3: Haplotyp 10-12; 4: Haplotyp 30-35; 5: Haplotyp 16-26; 6: 36-37.

4.4   Kladogramme und genetische Distanzen

Sowohl in dem in MEGA7 nach der Maximum-Likelihood-Methode als auch in dem in MrBayes nach dem Bayes'schen Theorem berechneten Kladogramm teilen sich die 59 *S. longisporum* Sequenzen im Locus ITS in drei Hauptgruppen auf, aus denen insgesamt sieben Gruppierungen hervorgehen (Abb. 4 - Abb. 6, Anhang Tab. 11).

Die erste Gruppe bilden die Proben TU_109534 (Estland) und H_6012644 (Finnland) (BS 72 %, PP 99 %), welche eine genetische Distanz von 0,7 % aufweisen. Im Maximum-Likelihood-Kladogramm werden die zwei Sequenzen mit der Probe KAS_GEL_4882 zusammengefasst (BS 59 %), welche mit 17,8 % den geringsten genetischen Abstand zu Probe H_6012644 innerhalb der 59 untersuchten Sequenzen aufweist. Im Kladogramm nach dem Bayes'schen Theorem spaltet sich die Probe KAS_GEL_4882 vorher von den drei Hauptgruppen ab.

Die zweite Hauptgruppe teilt sich in insgesamt drei weitere Gruppen auf (Gruppe 2-4), dabei zweigt die Probe TU_124397 (Italien) im Maximum - Likelihood-Kladogramm von diesen drei Clustern ab, während sie im Kladogramm nach dem Bayes'schen Theorem als einzelne Sequenz zu den drei Hauptgruppen positioniert wird.

Die zweite Gruppe bilden die Proben KHL_16923 (Brasilien), KHL_14333 (Madagaskar), KAS_GEL_3519 (Taiwan) und KAS_GEL_4878 (Réunion) (BS 83 %, PP 100 %). Innerhalb dieser Gruppe weisen die Proben KAS_GEL_4878 und KAS_GEL_3519 keine genetische Distanz zueinander auf, die Probe KHL_14333 verfügt über eine genetische Distanz von 1,8 – 1,8 % zu diesen beiden Proben und KHL_16923 weist mit 7,4 – 7,9 % eine deutlich höhere Distanz zu den drei anderen Proben innerhalb dieses Clusters auf.

Innerhalb der dritten Gruppierung befinden sich die Proben O_909580 (Zimbabwe), KHL_16458 (Brasilien), KHL_9377 (Puerto Rico) und O_506783 (Argentinien) (BS 82 %, PP 100 %). Dabei weisen die Proben KHL_16458, KHL_9377 und O_506783 eine paarweise genetische Distanz von 2,2 – 2,6 % zueinander auf, während die Probe O_909580 mit 10.0 -10,5 % von den Dreien entfernt liegt.

Die vierte Gruppe wird von insgesamt 13 Proben mit genetischen Distanzen von 0 – 13,6 % gebildet (BS 58 %, PP 97 %) und enthält die meisten Proben aus Réunion und Italien, sowie die einzelnen Belege aus Costa Rica und der Dominikanischen Republik. Innerhalb dieser Gruppe clustern die Proben KAS_L_1532 und KAS_GEL_5026a aus Réunion mit einem Bootstrapsupport von 96 % und einer a posteriori Wahrscheinlichkeit von 100 % und einer genetischen Distanz von 3,8 %. Zusätzlich werden die Proben KHL_9786 (Dominikanische Republik), TU_124392-124395, TU_124398 und TU_124400 (Italien) mit einem Bootstrapsupport von 95 % und einer a posteriori Wahrscheinlichkeit von 100 % zusammengefasst, wobei die Probe KHL_9786 eine genetische Distanz von 7.0 – 7,8 % zu den sechs aus Italien stammenden Proben aufweist, welche eine genetische Distanz von 0 – 0,7 % zueinander aufweisen.

Innerhalb dieser vierten Gruppe befinden sich zusätzlich die Proben KAS_GEL_5207 (Réunion), LY_11525 (Réunion), KAS_L_0183 (Réunion) und die Probe KHL_11449 (Costa Rica). Diese weisen den geringsten Abstand von 5,6 – 11,5 % zur Probe KAS_GEL_5026a auf, werden jedoch statistisch in ihrer Position schwach unterstütz.

Gruppe drei und vier werden mit einem Bootstrapsupport von 69 % und einer a posteriori Wahrscheinlichkeit von 96 % gemeinsam positioniert und mit einer Bootstrapunterstützung von 60 % und einer a posteriori Wahrscheinlichkeit von 100 % mit Gruppe zwei zusammengefasst.

Die dritte Hauptgruppe teilt sich in insgesamt drei weitere Gruppierungen auf (Gruppe 5 - 7).

Dabei besteht die fünfte Gruppe aus sieben aus Puerto Rico (KHL_9227, KHL_9282, KHL_9689, KHL_10006, KHL_10045, KHL_10221, KHL_10465) stammenden und einer aus Réunion (KAS_L_1824) stammenden Proben und wird sowohl mit einem Bootstrapwert als auch einer a posteriori Wahrscheinlichkeit von 100 % gestützt. Die paarweisen genetischen Distanzen innerhalb dieser Gruppe liegen bei 0 – 1,5 %.

Die sechste Gruppe wird mit einem Bootstrapwert von 99 % und einer a posteriori Wahrscheinlichkeit von 100 % gestützt und besteht aus O_909585 (Argentinien) und KAS_GEL_4819 (Réunion), wobei die paarweise genetische Distanz bei 8,6 % liegt.

Innerhalb der siebten Gruppe befinden sich die meisten Proben aus dem eurasischen Bereich (alle aus Deutschland stammenden Proben, alle aus Russland stammenden Proben, die einzelnen Proben aus Schweden, Spanien und Ukraine, jeweils zwei Proben aus Italien und Taiwan) und eine Probe aus Réunion (KAS_L_0026). Diese Gruppierung wird mit einem Bootstrapwert von 50 % und einer a posteriori Wahrscheinlichkeit von 100 % gestützt. Die paarweisen genetischen Distanzen liegen dabei zwischen 0 – 5,5 %, wobei die Probe KAS_L_0026 die höchsten Werte gegenüber den restlichen Mitgliedern aufweist.

Die Gruppe sechs und sieben clustern mit einem Bootstrapwert von 47% und einer a posteriori Wahrscheinlichkeit von 100 %, und mit einem Bootstrapwert von 71 % und einer a posteriori Wahrscheinlichkeit von 98 % mit Gruppe 5 zusammengefasst.

Die intrakladistischen Distanzen liegen durchschnittlich bei 3,1 % mit einer Standardabweichung von 2,3 %. Die minimalen paarweisen interkladistischen Distanzen liegen durchschnittliche bei 13,2 %, wobei die minimalste interkladistische Distanz mit 7,8 % zwischen den Gruppe 6 und 7 liegt (Anhang Tab. 12).

Als lokales Minimum der genetischen Distanzen wurden 5,6 % ermittelt. Danach lassen sich die Sequenzen in insgesamt 17 Gruppen einteilen, wobei 10 dieser Gruppen aus einzelnen Sequenzen bestehen (Anhang Tab. 13).

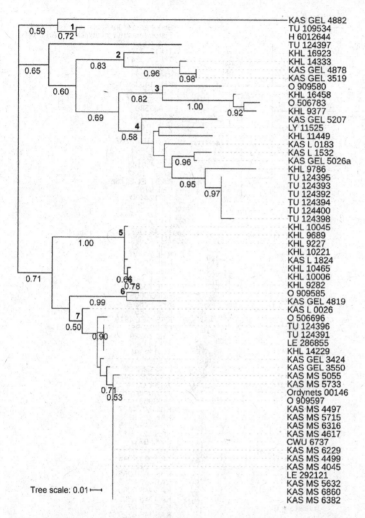

Abb. 4 Kladogramm nach der Maximum-Likelihood-Methode. Das Kladogramm wurde auf Grundlage des Tamura-3-Parametermodells abgeleitet (Tamura 1992, Yang 1993). Der Baum mit der höchsten Log-Likelihood (-2728.07) und Zweigen mit Bootstrapwerten über 50 % werden angezeigt. Es wurde eine diskrete Gamma-Verteilung mit 4 Kategorien (+ G, Parameter = 0,2133) verwendet. Der Baum wird maßstäblich gezeichnet, wobei die Zweiglängen in der Anzahl der Substitutionen pro Standort gemessen werden. Die Analyse umfasste 59 *Subulicystidium longisporum* Nukleotidsequenzen im Locus ITS. Alle Positionen, die Lücken und fehlende Daten enthielten, wurden gelöscht. Im endgültigen Datensatz befanden sich insgesamt 429 Positionen. Die Analyse wurden in MEGA7 durchgeführt (Kumar et al. 2016). Die graphische Bearbeitung erfolgte in iTOL (Letunic und Bork 2016).

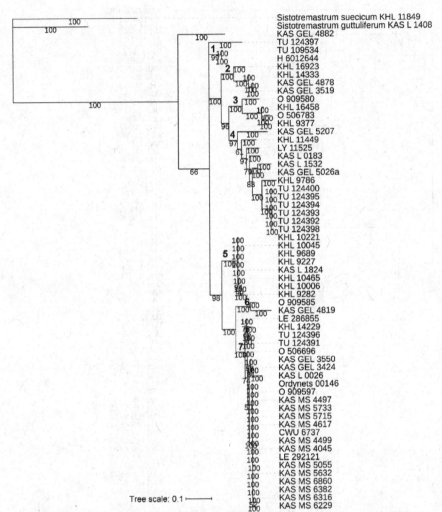

Abb. 5 Kladogramm nach dem Bayes-Theorem. Das Kladogramm wurde mit MrBayes und dem GTR+G-Modell und einer Gammaverteilung mit vier Kategorien berechnet. Es wurden 1.000.000 Wiederholungen mit einem Burnin von 25 % durchgeführt. Die posteriori Wahrscheinlichkeiten wurden mit der „Markov Chain Monte Carlo"-Methode anhand jedes tausendsten Kladogrammes berechnet. Es werden nur a posteriori Wahrscheinlichkeiten über 50 % angezeigt. Die Analyse umfasste 59 *Subulicystidium¹ longisporum* Nukleotidsequenzen im Locus ITS. Die graphische Bearbeitung erfolgte in iTOL (Letunic und Bork 2016).

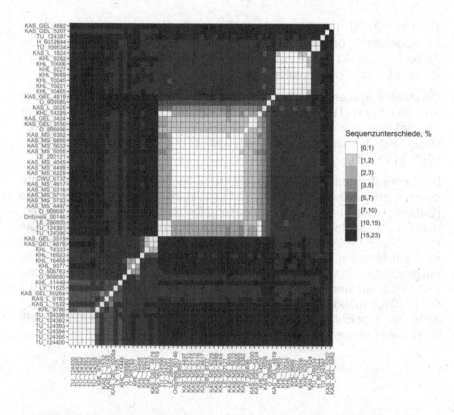

Abb. 6 Genetische Distanzen. Die mit der Funktion „dist.dna" des Paketes „ape" Version 5.1 unkorrigierten paarweise berechneten Distanzen der 59 Nukleotidsequenzen von *Subulicystidium longisporum* im Locus ITS als Prozentsatz.

4.5 Statistische Auswertung der Basidiosporen

Für die morphologische Untersuchung wurden die Basidiosporen in ihrer durchschnittlichen Länge und Breite vermessen, sowie der Quotient daraus ermittelt (Tab. 8). Vereinzelt war es nicht möglich mindestens 30 Basidiosporen zu vermessen, da die Qualität der Sporen, aufgrund des Trocknungsprozesses zu gering war, oder der Fruchtkörper nicht genug auffindbare Sporen aufwies. Die Probe KHL_9689 wurde von den Messungen und der Beurteilung der Sporenform ausgeschlossen, da keine intakten Sporen vorlagen, ebenso wurde die Probe KHL_14333 ausgeschlossen, da bei dieser nur unreife Sporen gefunden wurden. Die Proben

TU_124392, TU_124394, LE_286855 und LE_292121 konnten nicht in ihrer Sporenform beurteilt werden, da keine Herbarbelege vorlagen. Die Probe TU_124391 wurde zwar von der Arbeitsgruppe ausgemessen, wies jedoch ebenfalls keine intakten Sporen auf.

Die mittlere Sporenlänge der untersuchten Belege befindet sich im Bereich von 10,64 µm (TU_124391) und 17,39 µm (H_6012644), die mittlere Sporenbreite zwischen 2,01 µm (KHL_9282) und 3,25 µm (KAS_GEL_4882) und der Quotient zwischen 3,96 (TU_124391) und 7,58 (KHL_10006) (Tab. 8).

Die Sporenformen lassen sich nicht trivial beschreiben und variieren zudem innerhalb einer Probe zum Teil sehr stark. So lassen sich sigmoide (S-förmige), aciculare (nadelförmige) und fusoide (spindelförmige) Sporen, meist in gemischter Weise innerhalb einzelner Belege (Abb. 8), finden. Die Proben KAS_GEL_5026a und KAS_GEL_4882 weisen überwiegend sehr stark zur Mitte hin verbreiterte Sporen auf. Die Probe O_909585 hat stark ausgeprägte sigmoid-gebogene Sporen. Die Basidiosporen der Probe KHL_9786 erinnern an Würmer/Raupen. Die Proben KHL_9227, KHL_9282, KHL_10006, KHL_10045, KHL_10221, KHL_10465 und KAS_L_1824 wirken acicular und zum Teil mittig gekrümmt. Die Probe KHL_11449 weist breit fusoide Sporen auf (Abb. 7).

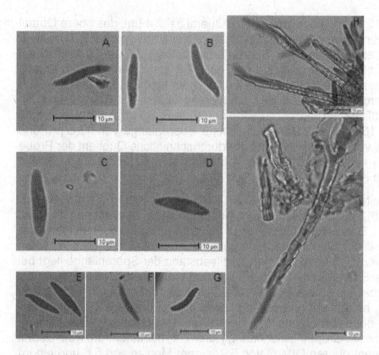

Abb. 7 Übersicht ausgewählter Belege der untersuchten *Subulicystidium longisporum* Exemplare. A: Sigmoide Sporen von KAS_MS_5055. B: Wurmähnliche Sporen von KHL_9786. C: Fusoide Sporen von KAS_GEL_4882. D: Fusoide Sporen von KAS_GEL_5026a. E: Fusoide Sporen von KHL_11449. F: Aciculare Sporen von KHL_10006. G: Stark sigmoid gebogene Sporen von O_909585. H: Cystiden von KAS_GEL_4819. I: Cystiden mit zwei Wurzeln von O_909580. Alle Präparationen wurden in 3 % KOH gemischt mit Phloxin durchgeführt. Alle Maßstäbe entsprechen 10 μm.

Zur statistischen Analyse wurden die sieben Gruppen und die einzelnen Proben KAS_GEL_4882 und TU_124397, abgeleitet aus den Kladogrammen im Locus ITS nach der Maximum-Likelihood-Methode und der Bayes'schen Inferenz (vgl. Anhang Tab. 11), in einer Kastengrafik gegenübergestellt, um diese in ihren Sporenabmessungen vergleichen zu können (Abb. 9, Abb. 10, Abb. 11).

Innerhalb der ersten Gruppe (TU_109534 und H_6012644) liegt die Sporenlänge (Abb. 9) zwischen 10.1 μm und 19 μm, wobei das untere Quartil bei 13 μm, das obere Quartil bei 17,1 μm und der Median bei 14,5 μm liegt. Der Interquartilsabstand beträgt 4,1 μm und die durchschnittliche Sporenlänge 15 μm. Die Sporenbreite (Abb. 10) liegt zwischen

2,1 µm und 2,8 µm, wobei das untere Quartil bei 2,4 µm, das obere Quartil
bei 2,6 µm und sowohl der Median als auch der Mittelwert bei 2,5 µm liegt.
Der Interquartilsabstand der Sporenbreite beträgt 0,2 µm. Der Quotient
(Abb. 11) befindet sich zwischen 4,6 und 7,8, mit einem unteren Quartil
von 5,4, einem oberen Quartil von 7 und einem Median und Mittelwert von
6. Der Interquartilsabstand des Quotienten liegt bei 1,6. Während die
durchschnittliche Sporenbreite bei beiden Proben 2,5 µm beträgt, weist die
Probe TU_109534 eine durchschnittliche Sporenlänge von 13,6 µm und
H_6012644 von 17,4 µm auf, und der durchschnittliche Quotient der Probe
TU_109534 liegt bei 5,5 und bei 7 für Probe H_6012644 (Tab. 8). Die
Sporenform ist sigmoid-acicular (Abb. 8).

Bei der zweiten Gruppe (KHL_16923, KHL_14333, KAS_GEL_3519, KAS
_GEL_4878) befinden sich die Sporenlängen (Abb. 9) zwischen 11,9 µm
und 17 µm. Das untere Quartil liegt bei 13,8 µm, das obere Quartil bei
15,1 µm und der Median bei 14,4 µm und ist nahezu identisch mit dem
Mittelwert von 14,3 µm. Der Interquartilsabstand der Sporenlänge liegt bei
1,3 µm. Die Sporenbreite (Abb. 10) umfasst einen Bereich von 1,8 µm bis
3,3 µm, wobei das untere Quartil bei 2,2 µm, das obere Quartil bei 2,8 µm,
der Median bei 2,5 µm und der Mittelwert bei 2,7 µm liegt. Der Interquartilsabstand der Sporenbreite liegt bei 0,6 µm. Der Quotient (Abb. 11) liegt
innerhalb dieser Gruppe zwischen 4,1 und 7,4, mit einem unteren Quartil
von 5,1, einem oberen Quartil von 6,2, einem Median von 5,6 und einem
Mittelwert von 5,7. Der Interquartilsabstand des Quotienten beträgt 1,1. Mit
einer durchschnittlichen Breite von 3 µm weist die Probe KAS_GEL_4878
die breitesten Sporen innerhalb dieser Gruppe auf, sowie mit einem Durch-
schnitt von 5 den kleinsten Quotienten (Tab. 8). Die Basidiosporen weisen
in allen drei Belegen einen sigmoiden Charakter auf, jedoch sind bei
KHL_16923 die Basidiosporen von acicularem bis leicht fusoidem Charakter, bei der Probe KAS_GEL_3519 sind diese zum Teil mittig gebogen und
Probe KAS_GEL_4878 weist fusoide Basidiosporen auf (Abb. 8).

Innerhalb der dritten Gruppe (O_909580, KHL_16458, O_506783, KHL_
9377) befindet sich die Basidiosporenlängen (Abb. 9) zwischen 11,6 µm
und 17,5 µm, wobei das untere Quartil bei 13,8 µm, das obere Quartil bei
16,2 µm und sowohl der Median als auch der Mittelwert bei 15 µm liegt.
Der Interquartilsabstand der Basidiosporenlänge liegt bei 2,4 µm. Die Basidiosporenbreite (Abb. 10) weist Werte zwischen 1,9 µm und 3,7 µm auf,
mit einem unteren Quartil von 2,2 µm, einem oberen Quartil von 3,2 µm,
einem Median von 2,8 µm und einem Mittelwert von 2,7 µm. Der Interquartilsabstand der Sporenbreite liegt bei 1 µm. Die Werte des Quotienten
(Abb. 11) befinden sich zwischen 4 und 7,2, wobei das untere Quartil bei

5, das obere Quartil bei 6,2, der Median bei 5,5 und der Mittelwert bei 5,6 liegt. Der Interquartilsabstand des Quotienten beträgt 1,2. Die Probe O_909580 weist mit durchschnittlich 3,2 µm die breitesten Sporen und mit durchschnittlich 5 den kleinsten Quotienten auf, während die Probe O_506783 mit durchschnittlich 2,2 µm sowohl die schmalsten als auch mit 13,5 µm die kürzesten Sporen innerhalb dieser Gruppe aufweist (Tab. 8). O_909580, KHL_16458 und KHL_9377 weisen sigmoid-fusoide Sporen auf, während bei der Probe O_506783 zusätzlich aciculare und gebogene Sporen vorkommen (Abb. 8). Innerhalb dieser Gruppe konnten Cystiden mit zwei Wurzeln beobachtet werden (Abb. 7), die zum Teil eine sägeblatt- bzw. tannenbaumartige Kristallverteilung aufweisen.

Bei der vierten Gruppe (TU: 124392-124395, 124398, 124400; KHL: 9786, 11449; KAS_GEL: 5026a, 5207; KAS_L: 0183, 1532; LY_11525) liegen die Basidiosporenlängen (Abb. 9) zwischen 9,6 µm und 19,6 µm, mit einem unteren Quartil von 13 µm, einem oberen Quartil von 16,2 µm und sowohl einem Median als auch einem Mittelwert von 14,5 µm. Der Interquartilsabstand der Sporenlänge beträgt 3,2 µm. Die Sporenbreite (Abb. 10) befindet sich zwischen 1,6 µm und 3,7 µm, wobei das untere Quartil bei 2,4 µm, das obere Quartil bei 3 µm und sowohl der Median als auch der Mittelwert bei 2,7 µm liegt. Die Sporenbreite innerhalb dieser Gruppe weist einen Interquartilsabstand von 0,6 µm auf. Die Werte des Quotienten (Abb. 11) befinden sich zwischen 3,9 und 7, mit einem unteren Quartil von 5, einem oberen Quartil von 5,8, einem Median von 5,4 und einem Mittelwert von 5,5. Der Interquartilsabstand des Quotienten liegt bei 0,8. Die Probe KAS_L_1532 weist mit durchschnittliche 11,9 µm die kürzesten Sporen und mit durchschnittliche 4,6 den kleinsten Quotienten innerhalb dieser Gruppe auf. Die schmalsten Sporen weist die Probe TU_124394 mit durchschnittliche 2,2 µm auf, während die Probe KHL_11449 (Abb. 7) mit durchschnittliche 3,2 µm die breitesten Sporen aufweist. Den höchsten Quotienten innerhalb dieser Gruppe weist die Probe KAS_GEL_5207 mit durchschnittlich 6,4 auf (Tab. 8). Die Proben TU_124398, TU_124400, TU_124393 und KAS_L_0183 besitzen sigmoide, aciculare und fusoide Sporen, wobei diese innerhalb der Probe TU_124393 zum Teil leicht gekrümmt erscheinen. Bei TU_124395, KAS_GEL_5026a und KAS_L_1532 konnten sigmoid-fusoide Sporen beobachtet werden, während die Sporen von KAS_GEL_5207 und KHL_9786 eine sigmoid-aciculare Form aufweisen. Die Sporen von KHL_9786 sind dabei leicht gekrümmt und erinnern zum Teil an Raupen während der Bewegung. LY_11525 verfügt über aciculare und zum Teil gebogene Sporen und die Cystiden erschienen unter dem Lichtmikroskop sehr dickwandig. Die Probe KHL_11449 kennzeichnet sich über breit fusoide Sporen und hebt sich dadurch klar von allen anderen 58 untersuchten Exemplaren ab (Abb. 7, Abb. 8).

Die Basidiosporenlängen (Abb. 9) innerhalb der fünften Gruppe (KAS_L_1824; KHL: 9227, 9282, 9689, 10006, 10045, 10221, 10465) befinden sich zwischen 12,3 µm und 19 µm, mit einem unteren Quartil von 14,9 µm, einem oberen Quartil von 16,7 µm, einem Median von 15,8 µm und einem Mittelwert von 15,7 µm. Der Interquartilsabstand der Sporenlänge liegt bei 1,8 µm. Die Messwerte der Sporenbreite (Abb. 10) befinden sich zwischen 1,7 µm und 2,8 µm, wobei das untere Quartil bei 2,1 µm, das obere Quartil bei 2,4 µm und sowohl der Median als auch der Mittelwert bei 2,2 µm liegt. Die Sporenbreite weist einen Interquartilsabstand von 0,3 µm auf. Die Quotienten (Abb. 11) der vermessenen Sporen liegen zwischen 5,5 und 9. Das untere Quartil liegt bei 6,6, das untere Quartil bei 7,6, der Median bei 7,2 und der Mittelwert bei 7,1. Der Interquartilsabstand des Quotienten beträgt 1. Die kürzesten und schmalsten Basidiosporen weist die Probe KHL_9282 mit durchschnittlich 14,6 µm bzw. 2 µm auf, während die Probe KHL_10045 mit durchschnittlich 16,6 µm die längsten und mit 2,4 µm über die breitesten Basidiosporen verfügt. Den kleinsten durchschnittlichen Quotienten weist die Probe KAS_L_1824 mit 6,8 und den größten mit 7,6 die Probe KHL_10006 auf (Tab. 8). Innerhalb dieser Gruppe sind die Sporen einheitlich von acicularer bis mittig leicht gebogener Form (Abb. 8) und heben sich klar von den übrigen untersuchten Belegen ab.

Innerhalb der sechsten Gruppe (O_909585, KAS_GEL_4819) liegen die Basidiosporenlängen (Abb. 9) zwischen 10,1 µm und 15,2 µm, mit einem unteren Quartil von 11,5 µm, einem oberen Quartil von 13 µm, einem Median von 12,2 µm und einem Mittelwert von 12,3 µm. Der Interquartilsabstand der Sporenlänge beträgt 2 µm. Die Basidiosporenbreiten (Abb. 10) befinden sich zwischen 1,8 µm und 2,5 µm, wobei das untere Quartil bei 2,1 µm, das obere Quartil bei 2,3 µm und sowohl der Median als auch der Mittelwert bei 2,2 µm liegt. Somit weist der Interquartilsabstand der Sporenbreite innerhalb dieser Gruppe lediglich einen Wert von 0,2 µm auf. Die Werte der Quotienten (Abb. 11) liegen zwischen 5,5 und 9, mit einem unteren Quartil von 6,6, einem oberen Quartil von 7,6, einem Median von 7,2 und einem Mittelwert von 7,1. Der Interquartilsabstand des Quotienten beläuft sich auf 1. Die Probe O_909585 (Abb. 7) weist sigmoide und stark gebogene Sporen auf, während die Probe KAS_GEL_4819 sigmoide Sporen, die von acicular bis fusoid reichen, aufweist (Abb. 8). Bei der Probe KAS_GEL_4819 konnten Cystiden mit einer zur Spitze hin verbreiterten Kristallstruktur beobachtet werden (Abb. 7).

Die Basidiosporenlängen (Abb. 9) der siebten Gruppe (alle KAS_MS-Proben; Ordynets_00146; O: 506696, 909597; KAS_L_0026, KAS_GEL: 3424, 3550; LE: 286855, 292121; TU: 124391, 124396) liegen zwischen 10,6 μm und 17,8 μm. Das untere Quartil liegt bei 13,3 μm, das obere Quartil bei 15,1 μm, der Median bei 14,3 μm und der Mittelwert bei 14,2 μm. Der Interquartilsabstand der Sporenlänge beträgt 1,8 μm. Die Sporenbreiten (Abb. 10) weisen Werte zwischen 1,8 μm und 3,1 μm auf, wobei das untere Quartil bei 2,2 μm, das obere Quartil bei 2,6 μm und sowohl der Median als auch der Mittelwert bei 2,4 μm liegt. Somit ergibt sich ein Interquartilsabstand von 0,4 μm für die Sporenbreite. Die Quotienten (Abb. 11) liegen im Bereich von 3,8 und 8, mit einem unteren Quartil von 5,4, einem oberen Quartil von 6,5 und einem Median und Mittelwert von 6. Der Quotient weist einen Interquartilsabstand von 1,1 auf. Innerhalb dieser Gruppe weisen alle beobachteten Basidiosporen eine sigmoid-aciculare Form auf. Bei O_506696, TU_124396 und KAS_GEL_3550 können zusätzlich fusoide Sporen beobachtet werden, die im Fall von O_506696 zum Teil gebogen sind. KAS_L_0026 und KAS_MS_5715 weisen ebenfalls zum Teil gebogene Sporen auf (Abb. 8).

Die Probe KAS_GEL_4882 weist Sporenlängen (Abb. 9) zwischen 13,7 μm und 17 μm auf. Das untere Quartil lag bei 14,6 μm, das obere Quartil bei 16,2 μm, und der Median und Mittelwert bei 15,4 μm. Somit ähnelt diese Probe in ihrer Sporenlänge der sechsten Gruppe. Jedoch unterscheidet sie sich von dieser aufgrund ihrer Sporenbreite und ihrem Quotienten. So liegen die Werte der Sporenbreite (Abb. 10) zwischen 2,8 μm und 3,8 μm, mit einem unteren Quartil von 3 μm, einem oberen Quartil von 3,5 μm, und einem Median und Mittelwert von 3,3 μm und überschneidet sich mit der Sporenbreite von Gruppe 3. Die Werte des Quotienten (Abb. 11) liegen zwischen 3,9 und 5,9, wobei das untere Quartil bei 4,4, das obere Quartil bei 5,1, und der Median und Mittelwert bei 4,8 liegen. KAS_GEL_4882 weist dabei sigmoide und stark fusoide Sporen auf, welche zum Teil gebogen sind (Abb. 7, Abb. 8).

Die Sporenlänge (Abb. 9) von TU_124397 liegt zwischen 11,6 μm und 16,2 μm. Die Werte des unteren und oberen Quartils mit 13,4 μm bzw. 15,1 μm sind nahezu identisch mit Gruppe 7, jedoch sind die Werte der Sporenbreite (Abb. 10) größer und überschneiden sich stark, mit einem unteren Quartil von 2,6 μm und einem oberen Quartil von 3,1 μm, mit den Werten von Gruppe 3. Die Werte der Sporenbreite befinden sich dabei zwischen 2,1 μm und 3,4 μm, wobei sowohl der Median als auch der Mittelwert bei 2,8 liegt. Der Quotient (Abb. 11) liegt zwischen 3,7 und 7, mit einem unteren Quartil von 4,5, einem oberen Quartil von 5,7, und einem

Median und Mittelwert von 5,1. Die Probe TU_124397 besitzt sigmoid-aciculare Basidiosporen (Abb. 8).

Tab. 8 Übersicht der Mittelwerte der ausgemessenen Basidiosporen der untersuchten *Subulicystidium longisporum* Belege nach Länge, Breite und Quotient, sowie der Anzahl der
vermessenen Sporen. (1) vermessen von Anton Savchenko, Institute of Ecology and Earth
Sciences, University of Tartu, L. Puusepa 8, 51014 Tartu, Estonia. (2) vermessen von Ser-
gey Volobuev (Volobuev 2016), Laboratory of Systematics and Geography of Fungi, Koma-
rov Botanical Institute, Russian Academy of Sciences, Professor Popov Str. 2, 197376 St.
Petersburg, Russia. (3) vermessen von Alessandro Saitta, Agricultural, food and forestry
Sciences, Università degli Studi di Palermo, Piazza Marina 61, 90133 Palermo, Italy.

Specimen_ID	Länge [µm]	Breite [µm]	Quotient	Anzahl
CWU_6737	14.13	2.46	5.82	33
H_6012644 (1)	17.39	2.45	7.1	30
KAS_GEL_3424	14.13	2.16	6.61	37
KAS_GEL_3519	13.69	2.15	6.4	18
KAS_GEL_3550	14.16	2.63	5.41	36
KAS_GEL_4819	11.62	2.22	5.26	40
KAS_GEL_4878	14.26	2.91	4.92	30
KAS_GEL_4882	15.41	3.25	4.78	31
KAS_GEL_5026a	13.19	2.77	4.83	13
KAS_GEL_5207	14.34	2.26	6.4	10
KAS_L_0026	14	2.53	5.56	41
KAS_L_0183	16.75	3.09	5.44	43
KAS_L_1532	11.86	2.58	4.61	36
KAS_L_1824	15.44	2.27	6.83	38
KAS_MS_4045	15.16	2.22	6.86	41
KAS_MS_4497	14.81	2.35	6.31	43
KAS_MS_4499	13.83	2.25	6.16	22
KAS_MS_4617	14.66	2.4	6.13	28
KAS_MS_5055	14.2	2.37	6.01	64
KAS_MS_5632	13	2.29	5.69	28
KAS_MS_5715	13.76	2.06	6.69	36

Specimen_ID	Länge [µm]	Breite [µm]	Quotient	Anzahl
KAS_MS_5733	14.84	2.3	6.49	21
KAS_MS_6229	14.51	2.53	5.75	41
KAS_MS_6316	14.34	2.16	6.65	29
KAS_MS_6382	15.92	2.52	6.34	39
KAS_MS_6860	13.9	2.43	5.73	39
KHL_10006	15.85	2.1	7.58	43
KHL_10045	16.6	2.39	6.99	60
KHL_10221	15.63	2.26	6.93	47
KHL_10465	15.83	2.27	7.02	38
KHL_11449	16.35	3.17	5.16	31
KHL_14229	11.79	2.6	4.56	35
KHL_16458	16.25	2.9	5.6	6
KHL_16923	14.67	2.45	6.03	31
KHL_9227	15.41	2.09	7.39	33
KHL_9282	14.55	2.01	7.26	37
KHL_9377	15.24	2.53	6.06	13
KHL_9786	13.55	2.38	5.71	46
LE_292121 (2)	14.5	2.4	6	30
LE_286855 (2)	12.7	2.3	5.5	30
LY_11525	16.68	2.8	5.97	31
O_506696	14.05	2.49	5.66	45
O_506783	13.53	2.16	6.28	36
O_909580	15.93	3.24	4.93	45
O_909585	12.82	2.16	5.95	42
O_909597	14.57	2.19	6.67	40
Ordynets_00146	15.15	2.64	5.79	44
TU_109534	13.56	2.46	5.54	52
TU_124391	10.64	2.72	3.96	32
TU_124392 (3)	13.02	2.34	5.56	30

Specimen_ID	Länge [µm]	Breite [µm]	Quotient	Anzahl
TU_124393	15.65	2.76	5.69	32
TU_124394 (3)	12.86	2.16	5.95	32
TU_124395	12.75	2.69	4.78	34
TU_124396	13.42	2.75	4.92	30
TU_124397	14.19	2.81	5.14	30
TU_124398	15.68	2.67	5.93	30
TU_124400	15.39	2.96	5.21	36

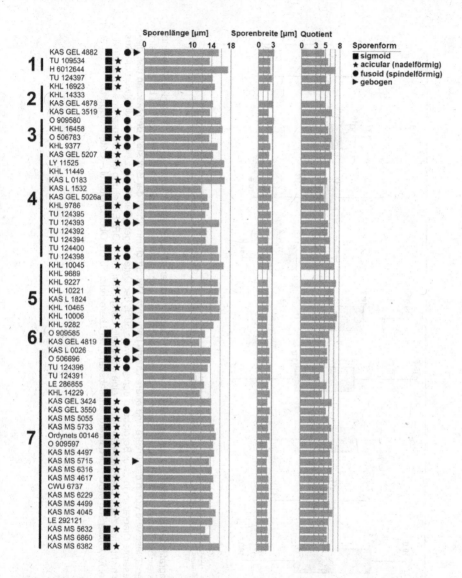

Abb. 8 Übersicht der durchschnittlichen Basidiosporenbreite, -länge in µm, des Quotienten und der beobachteten Sporenformen innerhalb der sieben aus den Kladogrammen (vgl. Anhang Tab. 11) abgeleiteten Gruppen (Zahlen 1-7) der 59 *S. longisporum* Belege. Bildbearbeitung erfolgte in iTOL (Letunic und Bork 2016).

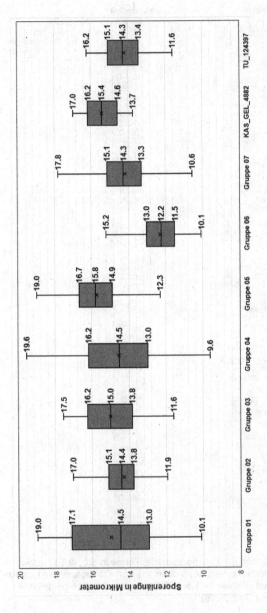

Abb. 9 Kastengrafik der Sporenlänge in µm in der sieben aus den Kladogrammen abgeleiteten Gruppen (Tab. 11). Untere Antenne gibt den kleinsten beobachteten Wert und die obere Antenne den größten beobachteten Wert an. Innerhalb der Box befinden sich 50 % der Daten. Diese wird durch das untere und obere Quartil begrenzt. Der Strich innerhalb der Box stellt den Median dar, dieser teilt das gesamte Diagramm in zwei Bereiche in denen jeweils 50 % der Daten liegen. Das Kreuz zeigt den Mittelwert an. Ausreißer werden nicht angezeigt. Die Antennen haben eine maximale Länge von $1,5 \times IQR$. Erstellung des Diagramms erfolgte mit Microsoft Excel für Office 365 MSO. IQR: Interquartilsabstand, wird berechnet durch: Oberes Quartil – Unteres Quartil.

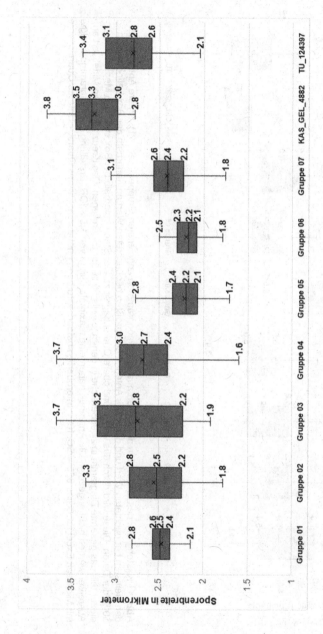

Abb. 10 Kastengrafik der Sporenbreite in µm der sieben aus den Kladogrammen abgeleiteten Gruppen (Tab. 11). Untere Antenne gibt den kleinsten beobachteten Wert und die obere Antenne den größten beobachteten Wert an. Innerhalb der Box befinden sich 50 % der Daten. Diese wird durch das untere und obere Quartil begrenzt. Der Strich innerhalb der Box stellt den Median dar, dieser teilt das gesamte Diagramm in zwei Bereiche in denen jeweils 50 % der Daten liegen. Das Kreuz zeigt den Mittelwert an. Ausreißer werden nicht angezeigt. Die Antennen haben eine maximale Länge von 1,5 × IQR. Erstellung des Diagramms erfolgte mit Microsoft Excel für Office 365 MSO. IQR: Interquartilsabstand, wird berechnet durch: Oberes Quartil – Unteres Quartil.

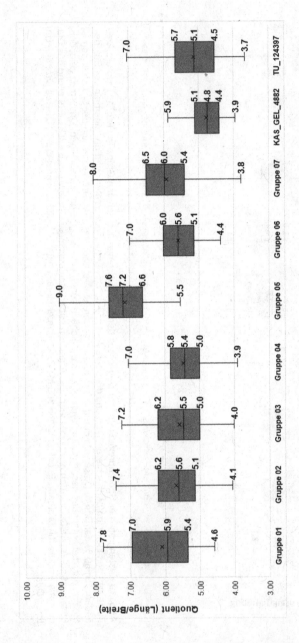

Abb. 11 Kastengrafik des Quotienten der sieben aus den Kladogrammen abgeleiteten Gruppen (Tab. 11). Untere Antenne gibt den kleinsten beobachteten Wert und die obere Antenne den größten beobachteten Wert an. Innerhalb der Box befinden sich 50 % der Daten. Diese wird durch das untere und obere Quartil begrenzt. Der Strich innerhalb der Box stellt den Median dar, dieser teilt das gesamte Diagramm in zwei Bereiche in denen jeweils 50 % der Daten liegen. Das Kreuz zeigt den Mittelwert an. Ausreißer werden nicht angezeigt. Die Antennen haben eine maximale Länge von 1,5 × IQR. Erstellung des Diagramms erfolgte mit Microsoft Excel für Office 365 MSO. IQR: Interquartilsabstand, wird berechnet durch: Oberes Quartil – Unteres Quartil.

4.6 Regressionsanalyse

Die PERMANOVA ergab ein R^2 von 0,32 für die Kontinente und ein R^2 von 0,53 für die Länder. Demnach lässt sich die genetische Distanz zu 32 % durch die Kontinente und mit 53 % durch die Länder erklären.

Für die MRM ergab sich ein R^2 von 0,04. Somit besteht keine Korrelation zwischen der genetischen und geographischen Distanz.

5. Diskussion

5.1 Methodik

5.1.1 Morphometrie

Die Ausmessung der Basidiosporen erwies sich als schwierig aufgrund von zum Teil stark deformierten Sporen im Zuge des Trocknungsvorganges als auch durch die sehr weit verbreitete sigmoide Form innerhalb der untersuchten Proben. Die statistische Auswertung der Sporenabmessungen ergab starke Überschneidungen zwischen den einzelnen Gruppierungen als auch starke Schwankungen innerhalb von Proben mit geringen genetischen Distanzen und einer gemeinsamen Gruppierung innerhalb der Kladogramme. Diese starken Schwankungen innerhalb der Gruppen lassen sich zum Teil auf das Vermessen von unausgereiften Basidiosporen zurückführen. Aufgrund des Präpariervorganges werden diese durch das Quetschen von den Basidien gelöst. Sofern ein relativ unreifer Fruchtkörper zu Grunde liegt, fällt die Beurteilung der Sporenreife schwer, da keine reifen Sporen als Vergleichsmöglichkeit vorhanden sind. Dieses Problem ließe sich über eine höhere Anzahl an Proben minimieren, was eine bessere statistische Auflösung nach sich ziehen würde. Zwar wurden auch Ausreißertests durchgeführt, jedoch helfen diese nicht bei einem artifiziellen Datensatz mit einer hohen Anzahl von Messwerten unausgereifter Basidiosporen, sondern nur bei einzelnen Ausnahmen von der Messreihe.

Diese Beobachtung stellt dabei in Frage, ob aufgrund von unausgereiften Fruchtkörpern Proben aus anderen *Subulicystidium*-Arten fehlerhaft zugeordnet wurden.

Zusätzlich wird es Messabweichungen zwischen den unterschiedlichen Personen geben, die die Messungen durchgeführt haben. Ebenso tragen auch die unterschiedlichen Messverfahren zu einem gewissen Fehlersatz bei. Während innerhalb der Arbeitsgruppe das Ausmessen der Sporen mit der Software „Makroaufmaßprogramm" von Jens Rüdings (https://rue-dig.de/tmp/messprogramm.htm) erfolgte, wurden die Proben TU_124392, TU_124394 und H_6012644 durch Abschätzen an einem Messbalken vermessen. Ebenso unterliegt die Beurteilung der Basidiosporenformen einer stark subjektiven Einschätzung.

© Springer Fachmedien Wiesbaden GmbH, ein Teil von Springer Nature 2020
L. Lysenko, *Enträtselung der genetischen Variation von Subulicystidium longisporum*, BestMasters, https://doi.org/10.1007/978-3-658-29224-9_5

5.1.2 Kladogramme

Sowohl nach der Maximum-Likelihood-Methode, als auch auf Basis des Bayes-Theorems ergaben sich insgesamt sieben Kladen für die 59 untersuchten *Subulicystidium longisporum* Exemplare. Der einzige Unterschied bestand in der Position der Probe KAS_GEL_4882. So wurde im Maximum Likelihood Kladogramm die Probe KAS_GEL_4882 zusammen mit den Proben TU_109534 und H_6012644 gemeinsam gruppiert, während sie in dem Kladogramm nach dem Wahrscheinlichkeitstheorem nach Bayes sich von den übrigen 58 Sequenzen abspaltet und auch im Haplotyp-Netzwerk über eine schwache statistische Verknüpfung zu diesen beiden Proben verfügt. Dies lässt sich darauf zurückführen, dass es im Maximum Likelihood Kladogramm zu einer long-branch attraction kam. Hierbei handelt es sich um einen systematischen Fehler, der phylogenetisch weit entfernte Zweige fälschlicherweise auf einen gemeinsamen Knoten innerhalb der Kladogramme setzt (Bergsten 2005).

Die a posteriori Wahrscheinlichkeiten weisen eine zum Teil höhere Unterstützung der einzelnen Kladen gegenüber dem Bootstrapping auf. Diese erhöhten Werte spiegeln Beobachtungen aus diversen Studien wider, wobei die Meinungen bezüglich der Aussagekraft der einzelnen Unterstützungsmethoden auseinandergehen und die Bootstrapwerte als konservativer gelten (Cummings et al. 2003, Simmons et al. 2004).

Im Haplotyp-Netzwerk nach dem Parsimonieprinzip und der Wahrscheinlichkeitsberechnung nach Templeton ergaben sich zum Teil schwache Unterstützungen einzelner Proben innerhalb der gebildeten Kladen, was darauf zurückzuführen ist, dass hierbei nur die Basenunterschiede betrachtet werden und keine Distanzen generiert werden, nach denen die Berechnung der Kladogramme getätigt wird. Demnach ist nach der Templeton-Wahrscheinlichkeit der Verwandtschaftsgrad einer Sequenz zur anderen umso höher, je geringer die Anzahl der Substitutionsschritte ist und nicht je höher der Distanzunterschied zu einer anderen Sequenz außerhalb der Gruppe ist (Templeton et al. 1992).

Aufgrund der Vor- und Nachteile jeder einzelnen Methode ist es empfehlenswert mehrere Analyseverfahren zu verwenden, um die Ergebnisse und ihre Aussagekraft besser beurteilen zu können. Darüber hinaus stellt jeder phylogenetische Baum nur eine auf dem analysierten Daten-/Probensatz basierende Hypothese der evolutionären Entwicklung dar und muss daher in natura keine zwingende Eins-zu-Eins-Entsprechung aufweisen (Yang und Rannala 2012).

5.1.3 Genetische Distanzen

Im Laufe dieser Arbeit wurden genetische Distanzen mit dem ursprünglichen Datensatz (alle 65 Sequenzen) und der Option „pairwise deletion=TRUE", sowie „pairwise deletion=FALSE" und mit einem Datensatz von 59 Sequenzen (Eliminierung der zu kurzen Sequenzen) und der Option „pairwise deletion = TRUE", sowie „pairwise deletion=FALSE" erstellt.

Dabei stellte sich heraus, dass beim ersten Durchlauf mit den 65 Sequenzen und der Option „pairwise deletion=FALSE" die gebildeten Sequenzlängen zu kurz waren, um eine zweifelsfreie Einsortierung der Proben in ihrer Verwandtschaft zu gewährleisten (unter anderem wurde die Probe KAS_L_0183 mit einer geringen Distanz in eine Klade mit den Proben TU_124392-124395, 124398 und 124400 gestellt) und die Distanzwerte wurden minimiert, da nicht mehr genug variable Seiten vorhanden waren.

Bei dem Alignment mit den 59 Sequenzen und der Option „pairwise deletion = FALSE" wurden die Distanzwerte deutlich zu kleineren Werten verschoben. Hierbei erweist sich die komplette Löschung der jeweiligen Basen in allen Fragmenten aufgrund der schwindenden Anzahl variabler Basen zunehmend als begrenzender Faktor. Final wurde mit einem Alignment bestehend aus 59 Sequenzen, sowie der Option „pairwise deletion = TRUE" gearbeitet, wodurch die berechneten Werte, Spannweite und Unterschiede der Basenabfolgen zwischen den untersuchten Sequenzen möglichst optimal widerspiegeln konnten (Knoop und Müller 2009; Brown et al. 2012).

Die Entscheidung zur Eliminierung der sechs zu kurzen Sequenzen basierte darauf, dass diese zum Teil nur entweder über ITS1 + 5.8 S oder 5.8 S + ITS2 verfügten, und somit die Gefahr bestand, dass diese falsch zugeordnet werden und im Endeffekt keine aussagekräftige Position gebildet wird. Sofern der Locus ITS als weiteres Tool für die Identifizierung von Pilzspezies verwendet wird, sollte hierbei auf ein ausreichend langes Fragment geachtet werden.

5.2 Inhaltliche Diskussion

Die Variabilität des Locus ITS liegt mit einer gesamten durchschnittlichen Distanz von 11,8 % mit einer Standardabweichung von 5,97 % deutlich über dem von Nilsson et al. berechneten intraspezifischen Wert von 3,33 % mit einer Standardabweichung von 5,63 innerhalb der Basidiomy-

cota (Nilsson et al. 2008). Diese hohe genetische Distanz als auch die insgesamt 40 ermittelten Haplotypen, die teilweise durch lange Äste verknüpft
sind, erhärten die Vermutung, dass es sich hierbei auf Grund der molekulargenetischen Information um eine Kryptospezies handelt.

Die molekulargenetischen Untersuchungen im Locus ITS weisen eine Auf-
spaltung der hier untersuchten Proben in drei Gruppen auf, aus denen insgesamt sieben Kladen hervorgehen. Die intrakladistischen Distanzen liegen durchschnittlich bei 3,07 % mit einer Standardabweichung von
2,27 %. Die vierte Klade bildet dabei mit 13,55 % maximaler intrakladisti-
scher Distanz den höchsten beobachteten Wert, jedoch sind innerhalb dieser Gruppe viele Proben mit unterschiedlichen Sporenformen vereint und
zum Teil hohen genetischen Distanzen zueinander, so dass sich innerhalb
dieser Klade ebenfalls mehrere Arten befinden könnten, die durch den vorhandenen Datensatz und den hier verwendeten ITS Locus nicht klar genetisch abgegrenzt werden konnten.

Durch die im Paket „spider" implementierten Funktionen „localMinima" und
„treshOpt" können die Sequenzen in insgesamt 17 Gruppen mit einem optimierten lokalen Minimum von 5,6 % paarweiser genetischer Distanz abgegrenzt werden, wobei 10 Gruppen einzelne Sequenzen beinhalteten
(Singletons). Die Singletons können dabei zum Teil aufgrund ihrer Sporenform eindeutig von den nächsten Nachbarn unterschieden werden oder
besitzen eine statistisch schwache Unterstützung im Haplotyp-Netzwerk
nach dem Parsimonieprinzip. Lediglich die gemeinsame Gruppierung von
den Proben KAS_L_0183, KAS_L_1532 und KAS_GEL_5026a lässt sich
unter den untersuchten morphologischen Gesichtspunkten nicht bestäti-
gen. Die hohe Anzahl von einzeln positionierten Sequenzen deutet darauf
hin, dass weiteres Probenmaterial gesammelt und untersucht werden
sollte, um eine aussagekräftige Auflösung der Phylogenie und Variabilität
im Locus ITS zu gewährleisten.

Auffällig ist, dass die Proben aus denselben Sammelgebieten über zum
Teil sehr geringe genetische Distanzen verfügen, während einige Proben
aus denselben Sammelgebieten zusammen mit den Proben anderer Länder und innerhalb anderer Kladen clustern und große genetische Distanzen und zum Teil stark unterschiedliche Sporen aufweisen. Aus dieser Beobachtung lässt sich zum einen schließen, dass die ITS-Region der hier
untersuchten *Subulicystidium*-Belege innerhalb von regionalen Populationen über geringe Variabilität verfügt und zum anderen, dass die Positio-
nierung von Proben aus denselben Gebieten in unterschiedlichen Kladen
mit großen genetischen Distanzen, welche auch innerhalb des Haplotyp-

Netzwerkes keine statistische Unterstützung aufweisen und aus unterschiedlichen Haplotypen mit großen Abständen hervorgehen, auf unterschiedliche Arten hindeutet. So zeigen die Proben aus Italien insgesamt zwei Gruppierungen auf, welche innerhalb der Mitglieder dieser Gruppen eine geringe genetische Distanz aufweisen (TU: 124392-124395, 124398, 124400 maximal genetische Distanz von 0,7 %, TU_124391 und TU_124396: maximale genetische Distanz von 0,18 %), während diese Gruppierungen zueinander eine minimale genetische Distanz von 16,55 % aufzeigten. Ebenso befindet sich die Probe TU_124397 mit 15,66–19,13 % in weiter Distanz zu diesen beiden Gruppen, was vermuten lässt, dass es sich innerhalb der italienischen Population um drei Arten handeln wird. Ebenso weisen die Proben aus Puerto Rico, sowohl durch die Sporenform als auch durch die genetische Distanz zwei unterschiedliche Arten auf. Die beiden Proben aus Brasilien lassen sich ebenfalls nach morphologischen, als auch genetischen Gesichtspunkten abgrenzen, sowie die beiden aus Argentinien stammenden Proben. Dieses Phänomen spiegelt sich auch in der offenbar nicht vorhandenen allopatrischen Artbildung wider. Während die genetischen Distanzen noch zu 53 % durch die Herkunftsländer der Proben erklärt werden können, besteht keine Korrelation zwischen den geographischen und genetischen Distanzen. Zusätzlich weist eine Probe aus Réunion denselben Haplotypen wie eine Probe aus Taiwan auf.

Dem DNA-Barcoding liegt die als *barcode gap* bezeichnete Prämisse höherer interspezifischer als intraspezifischer genetischer Distanz zu Grunde (Schoch et al. 2012, Raja et al. 2017). Dementsprechend konnte für den untersuchten Datensatz kein einheitliches *barcode gap* ermittelt werden. Mögliche Ursachen hierfür liegen einerseits in der verhältnismäßig geringen Anzahl untersuchter Proben, insbesondere in Hinblick auf eine breite geografische Abdeckung mit ausreichender Individuenzahl der unterschiedlichen Populationen (Nilsson et al. 2008), sowie der unklaren Einteilung der vierten Gruppe und der vielen auftretenden Singletons. Vergleicht man die einzelnen Kladen (ohne Gruppe vier und sechs) miteinander, so lässt sich in direkter Gegenüberstellung immer ein *barcode gap* feststellen.

Während die Sporen in der Speziesidentifizierung von Pilzen innerhalb des morphologischen Artkonzeptes eine wichtige Rolle spielen (Parmasto et al. 1987, Hyde et al. 2010), reichen diese innerhalb der hier untersuchten *Subulicystidium longisporum* Exemplare nicht aus, um eine zweifelsfreie Spezieszuordnung zu gewährleisten. Dabei stellten sich Sporenlänge und -breite als sehr variabel heraus. So schwankten die Werte innerhalb von genetisch nahezu identischen Proben und überlappten sich zwischen einzelnen Kladen. Zusätzlich stellt die Sporenform ebenfalls kein klares

Charakteristikum zur Artabgrenzung dar. So konnten lediglich die dritte Gruppe, in der zusätzlich Cystiden mit zwei Wurzeln beobachtet wurden, die fünfte Gruppe und die einzelnen Proben KHL_11449, KAS_GEL_ 5026a, KAS_GEL_909585 und KAS_GEL_4882 aufgrund ihrer Sporenform klar abgegrenzt werden, jedoch überschnitten sich die Sporenformen der andren Proben zum Teil mit Mitgliedern aus anderen Kladen mit hoher genetischer Distanz oder unterschieden sich innerhalb von Proben mit identischem Haplotyp. Dies spiegelt die Ergebnisse einer anderen Studie zu kurzsporigen *Subulicystidum*-Arten wider (Ordynets et al. 2018) und bestätigt die Beobachtungen von Liberta (1980).

Als besonders variabel innerhalb der genetischen Unterschiede als auch in der Sporenform stellten sich die Proben aus Réunion heraus, wobei anzumerken ist, dass diese Insel als Biodiversitäts-Hotspot gilt (Myers et al. 2000).

Da die Sporenform durch die Sichtung im Mikroskop zum Teil nicht trivial beschrieben werden kann und sich die Sporenabmessungen Länge und Breite als sehr variabel herauskristallisiert haben, sollten in weiteren Untersuchungen andere morphologische Gesichtspunkte hinzugezogen werden. Auch die Abmessung der Sporen aufgrund von lediglich zwei Variablen sollte überdacht und auf mehrere Messpunkte ausgeweitet werden, um die Form besser wiedergeben zu können, so wie es oftmals in der Zoologie Anwendung findet (Adams et al. 2004).

In Bezug auf die Untersuchung der Cystiden in *Subulicystidium* wäre die Rasterelektronenmikroskopie eine Alternative bzw. Ergänzung zur Lichtmikroskopie, um einen besseren Einblick in die oberflächlichen Strukturunterschiede zu bekommen, wie bereits von Jülich 1975 und Keller 1985 angewendet. Jedoch weist Ordynets et al. (2018) darauf hin, dass sich die Kristallstruktur der Cystiden aufgrund von unterschiedlichen Reifestadien des Fruchtkörpers unterscheiden kann, wodurch diese als weiteres morphologisches Charakteristikum zur Artabgrenzung wohl auch nur bedingt verwendet werden kann.

Aufgrund der hohen Sporenvielfalt sollten in Folgeuntersuchungen nach der Sporenlänge abgegrenzte Arten wie *S. obtusisporum* und *S. perlongisporum* mit in die genetischen Untersuchungen aufgenommen werden, um Diskrepanzen zwischen der morphologischen Einsortierung nach Sporengröße/-form und den genetischen Abweichungen aufzudecken.

Obwohl das morphologische Artkonzept auch heute noch bei vielen Mykologen als Hauptuntersuchungsmethode gilt (Hyde et al. 2010), ist sie aufgrund von konvergenter Evolution (Brun und Silar 2010) und Hybridisierung (Olson und Stenlid 2002, Hughes et al. 2013) von morphologischen Merkmalen selbst für geübte Mykologen, vor allem auf dem Spezieslevel, problematisch und zeitintensiv (Geiser 2004, Samson et al. 2010). Daraus resultierte die Entstehung von sequenzbasierten Methoden zur Artidentifizierung (Hibbett 1992, Bridge et al. 2005, Hibbett et al. 2011, Hibbett und Taylor 2013, Taylor und Hibbett 2013, Raja et al. 2017).

Es ist somit nicht verwunderlich, dass für jede Spezies, die auf traditionellem Weg bestimmt wurde, heute durchschnittlich elf neue Spezies durch molekulargenetische Methoden gefunden werden (Hawksworth und Lücking 2017). Der Marker ITS hat sich dabei als DNA-Barcode innerhalb der Fungi durchgesetzt (Nilsson et al 2009, Begerow et al. 2010, Bellemain et al. 2010, Kõljalg et al. 2013, Das und Deb 2015, Irinyi et al. 2015, Coissac et al. 2016) und wies auch innerhalb dieser Studie deutliche Clusterbildungen und die nötige Variabilität auf, um genetische Gruppierungen voneinander abgrenzen zu können.

Die Vorteile der molekulargenetischen Untersuchungen wurden in dieser Studie klar ersichtlich. So zeichnet sich diese gegenüber der morphologischen Begutachtung durch eine höhere Zeiteffizienz aus und unterliegt weniger einer subjektiven Willkür.

Jedoch wurden auch klar ihre Grenzen aufgezeigt, wobei sich insbesondere die Frage in den Vordergrund drängt: *Ab wann lässt sich eine Spezies aufgrund der genetischen Information im Locus ITS eindeutig abgrenzen?*

Zwar gibt es eine deutliche Clusterbildung der hier untersuchten Proben, jedoch wäre es eine recht wage Vermutung, aufgrund der hier ermittelten Cluster mit dem Locus ITS Speziesgrenzen zu ziehen, vor allem in Bezug auf die vielen Singletons und die unzureichende Abdeckung der verschiedenen geographischen Regionen. Zusätzlich bleibt die Frage offen, ob es sich bei den hier untersuchten Proben überhaupt noch um eine Gattung handelt, da die genetischen Distanzen zum Teil sehr hohe Werte aufweisen. Ebenso ist die Zugehörigkeit der Probe KAS_GEL_4882 innerhalb dieser Gruppe fraglich, da sie die höchsten genetischen Distanzen zu den restlichen 58 Proben aufweist und auch innerhalb der phylogenetischen Rekonstruktionen außerhalb der Proben clustert bzw. auf vergleichsweise langen Ästen positioniert wird. Da in dieser Arbeit mit Herbarbelegen gearbeitet wurde, lässt es sich nicht ausschließen, dass auch DNA-Fragmente von anderen auf dem Holz lebenden Pilzen isoliert und während der PCR amplifiziert wurden. So wurden bei dem Beleg KAS_GEL_4882 Strukturen gefunden, bei denen es sich um Fruchtkörper eines

Ascomyceten handelte (Abb. 12). Zwar konnten durch den Datenbankabgleich die meisten Kontaminationen ermittelt und ausgeschlossen werden,
jedoch können zusätzlich während des PCR-Vorganges Chimären (Nilsson et al. 2018) innerhalb des amplifizierten Fragmentes entstehen. Es ist
deshalb anzuraten Proben mit sehr großen genetischen Unterschieden erneut zu amplifizieren und zu sequenzieren, um diese Fehler ausschließen
zu können.

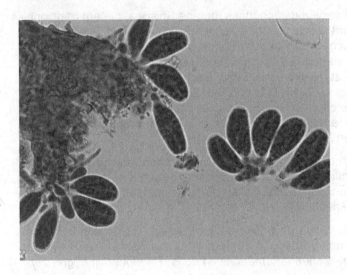

Abb. 12 Fruchtkörper eines Ascomyceten im Herbarbeleg der Probe KAS_GEL_4882.

Innerhalb der Fungi wurde ein Grenzwert von 3 % intraspezifischer Distanz
im Locus ITS als Artabgrenzung diskutiert (Cohan 2002, Izzo et al. 2005,
Ciardo et al 2006, Nilsson et al. 2008). Es zeigte sich jedoch, dass dieser
Schwellwert nicht universell für alle Pilzgruppen gilt (Martin et al. 2002,
Edwards und Turco 2005, Nilsson et al. 2008) und auch im Rahmen dieser
Arbeit ergaben sich starke Unterschiede innerhalb der intrakladistischen
Distanzen.

Um also die hier möglichen kryptischen Spezies innerhalb von *Subulicystidium longisporum* molekulargenetisch eindeutig abgrenzen zu können,
könnten mehrere DNA Loci (Taylor et al. 2000) verwendet werden, wie

bereits in anderen Studien erfolgreich angewendet. Die Anzahl der benötigten Marker variiert dabei von Gruppe zu Gruppe. So wurden fünf Marker für eine hinreichende Auflösung der kryptischen Spezies innerhalb der *Serpulaceae* benötigt (Balasundaram et al. 2015), vier Marker innerhalb von *Heterobasidion annosum* (Johannesson und Stenlid 2003), drei Marker in *Laccaria, Ceniophora arida, Ceniophora olivacea* und *Ceniophora puteana* (Kauserud et al. 2007a, Kauserud et al. 2007b, Sheedy et al. 2013) und zwei Marker in *Pleurotus ostreatus* (Vilgalys und Sun 1994, Balasundaram et al. 2015).

Zusätzlich könnten Kreuzungstests Aufschluss über die reproduktive Isolation innerhalb der hier untersuchten Proben geben, wie bei Hallenberg (1983) zur Artunterscheidung innerhalb der Gattung *Schizopora* geschehen. So weisen die einzelnen Kladen innerhalb des Haplotyp-Netzwerks lange Verknüpfungen auf, jedoch lässt sich innerhalb der meisten Proben aus Réunion (in Klade vier enthalten) keine klare Aussage bezüglich der reproduktiven Isolation treffen. So könnte es hier, aufgrund der geringen räumlichen Trennung, durchaus zu Hybridisierungen gekommen sein, was die hohe Variabilität an Sporenformen erklären würde. Ebenso könnte die hohe Anzahl an Haplotypen darauf hinweisen, dass dieses Gebiet längerfristig von der Art besiedelt wurde (Kunz 2012a).

6. Fazit

Die Analyse durch den Locus ITS ist im Gegensatz zur klassischen morphologischen Artbestimmung eine zeiteffiziente Variante unbekannte Pilzproben durch Datenbankabgleich einzusortieren. Dies setzt jedoch voraus, dass innerhalb der Datenbanken auch genügend Vergleichssequenzen vorhanden sind, die bis zur Artebene richtig deklariert wurden. Um es jedoch ausschließlich zur Ermittlung neuer Arten nutzen zu können, bedarf es einer breiten geografischen Abdeckung mit ausreichender Individuenzahl der unterschiedlichen Populationen, um die möglichen Polymorphismen innerhalb der Nukleotidsequenz besser einschätzen zu können. Jedoch haben die hier gelieferten Ergebnisse durch den ITS-Locus in *Subulicystidium longisporum* klare genetische Unterschiede ans Licht gebracht, die zum Teil auch durch die unterschiedlichen Sporenformen bestätigt werden konnten. Um die einzelnen Kladen und vor allem die vielen Singletons eindeutig zu positionieren, bedarf es jedoch der Untersuchung weiterer morphologischer Merkmale und/oder zusätzlichem Probenmaterial für die molekulargenetische Untersuchung. Es sollte dabei jedoch nicht vergessen werden, dass auch wenn die genetischen Distanzen hoch sind, es sich dennoch nicht um unterschiedliche Arten handeln muss, denn das klassische Artkonzept setzt voraus, dass sich die unterschiedlichen Arten nicht im Genfluss zueinander befinden (Kunz 2012b). Dies lässt sich allerdings weder durch die Morphologie noch das DNA-Barcoding klar ermitteln, sondern erfordert zwingend Kreuzungsversuche. Der ITS-Locus lieferte innerhalb der hier untersuchten Pilzproben aber einen klaren Ansatzpunkt zur Identifizierung bestehender Unklarheiten und Widersprüche innerhalb der morphologischen Artabgrenzung.

© Springer Fachmedien Wiesbaden GmbH, ein Teil von Springer Nature 2020
L. Lysenko, *Enträtselung der genetischen Variation von Subulicystidium longisporum*, BestMasters, https://doi.org/10.1007/978-3-658-29224-9_6

Literatur

Abarenkov K., Tedersoo L., Nilsson R.H., Vellak K., Saar I., Veldre V., Parmasto E., Prous M., Aan A., Ots M., Kurina O., Ostonen I., Jõgeva J., Halapuu S., Põldmaa K. Toots M., Truu J., Larsson K.-H., Kõljalg U. (2010). PlutoF - a Web Based Workbench for Ecological and Taxonomic Research, with an Online Implementation for Fungal ITS Sequences. Evolutionary Bioinformatics 6: 189-196.

Adams D. C., Rohlf F. J., Slice D. E. (2004). Geometric morphometrics: Ten years of progress following the 'revolution'. Italian Journal of Zoology 71(1): 5-16.

Anderson, M. J. (2017). Permutational Multivariate Analysis of Variance (PERMANOVA). In: Wiley StatsRef: Statistics Reference Online. Balakrishnan N., Colton T., Everitt B., Piegorsch W., Ruggeri F., Teugels J. L. (Hrsg.). Wiley. Hoboken.

Anderson M. J. (2001). A new method for non-parametric multivariate analysis of variance. Austral Ecology 26(1): 32–46.

Balasundaram S. V., Engh I. B., Skrede I., Kauserud H. (2015). How many DNA markers are needed to reveal cryptic fungal species?. Fungal Biology 119(10): 940–945.

Begerow D., Nilsson H., Unterseher M., Maier W. (2010). Current state and perspectives of fungal DNA barcoding and rapid identification procedures. Applied Microbiology and Biotechnology 87(1): 99–108.

Bellemain E., Carlsen T., Brochmann C., Coissac E., Taberlet P., Kauserud H. (2010). ITS as an environmental DNA barcode for fungi: an in silico approach reveals potential PCR biases. BMC Microbiology 10(1): 189.

Bengtsson-Palme J., Ryberg M., Hartmann M., Branco S., Wang Z., Godhe A., Wit P., Sánchez-García M., Ebersberger I., Sousa F., Amend A., Jumpponen A., Unterseher M., Kristiansson E., Abarenkov K., Bertrand Y. J., Sanli K., Eriksson K. M., Vik U., Veldre V., Nilsson R. H. (2013). Improved software detection and extraction of ITS1 and ITS2 from ribosomal ITS sequences of

fungi and other eukaryotes for analysis of environmental sequencing data. Methods in Ecology and Evolution 4(10): 914-919.

Benson D. A., Karsch-Mizrachi I., Lipman D. J., Ostell J., Wheeler D. L.
(2005). GenBank. Nucleic Acids Research 33(Database Issue):
D34–D38.

Bergsten J. (2005). A review of long-branch attraction. Cladistics 21(2):
163–193.

Boidin J., Gilles G. (1988). Basidiomycètes Aphyllophorales de l'Île de la
Réunion XII - le genre Subulicystidium Parmasto. Bulletin Tri-
mestriel de la Société Mycologique de France 104(3): 191–198.

Boyce C. K., Hotton C. L., Fogel M. L., Cody G. D., Hazen R. M., Knoll A.
H., Hueber F. M. (2007). Devonian landscape heterogeneity rec-
orded by a giant fungus. Geology 35(5): 399-402.

Bridge P. D., Spooner B. M., Roberts P. J. (2005). The Impact of Molecular Data in Fungal Systematics. Advances in Botanical Research -
Incorporating Advances in Plant Pathology 42: 33–67.

Brown S. P., Rigdon-Huss A. R., Jumpponen A. (2014). Analyses of ITS
and LSU gene regions provide congruent results on fungal community responses. Fungal Ecology 9: 65-68.

Brown S. D. J., Collins R. A., Boyer S., Lefort M.-C., Malumbres-Olarte J.,
Vink C. J., Cruickshank R. H. (2012). SPIDER: an R package for
the analysis of species identity and evolution, with particular reference to DNA barcoding. Molecular Ecology Resources 12(3):
562-565.

Brun S.; Silar P. (2010). Convergent Evolution of Morphogenetic Pro-
cesses in Fungi. In: Evolutionary Biology – Concepts, Molecular
and Morphological Evolution. Pontarotti P. (Hrsg.). Springer. Berlin Heidelberg: 317–328.

Bruns T. D., White T. J., Taylor J. W. (1991). Fungal Molecular Systematics. Annual Review of Ecology and Systematics 22(1): 525–564.

Carr J., Williams D. G., Hayden R. T. (2010). Molecular Detection of Multiple Respiratory Viruses. Molecular Diagnostics: 289–300.

Casiraghi M., Labra M., Ferri E., Galimberti A., De Mattia F. (2010). DNA
barcoding: a six-question tour to improve users' awareness about
the method. Briefings in Bioinformatics 11(4): 440–453.

Ciardo D. E., Schär G., Böttger E. C. Altwegg M., Bosshard P. P. (2006). Internal transcribed spacer sequencing versus biochemical profiling for identification of medically important yeasts. Journal of Clinical Microbiology 44(1): 77–84.

Cohan F. M. (2002). What are bacterial species? Annual Review of Microbiology 56: 457–487.

Coissac E., Hollingsworth P. M., Lavergne S., Taberlet P. (2016). From barcodes to genomes: extending the concept of DNA barcoding. Molecular Ecology 25(7): 1423–1428.

Coleman A. (2015). Nuclear rRNA transcript processing versus internal transcribed spacer secondary structure. Trends in Genetics 31(3): 157-163.

Cummings M. P., Handley S. A., Myers D. S., Reed D. L., Rokas A., Winka K. (2003). Comparing Bootstrap and Posterior Probability Values in the Four-Taxon Case. Systematic Biology 52(4): 477–487.

Das S., Deb B. (2015). DNA barcoding of fungi using Ribosomal ITS Marker for genetic diversity analysis: A Review. International Journal of Pure & Applied Bioscience 3(3): 160–167.

David H. A., Hartley H. O., Pearson E. S. (1954). The Distribution of the Ratio, in a Single Normal Sample, of Range to Standard Deviation. Biometrika 41(3/4): 482-493.

Duhem B., Michel H. (2001). Contribution à la connaissance du genre Subulicystidium Parmasto (Basidiomycota, Xenasmatales). Cryptogamie Mycologie 22(3): 163-173.

Edwards I. P., Turco R. F. (2005). Inter- and intraspecific resolution of nrDNA TRFLP assessed by computer-simulated restriction analysis of a diverse collection of ectomycorrhizal fungi. Mycological Research 109: 212–226.

Excoffier L., Smouse, P. E., Quattro J. M. (1992). Analysis of molecular variance inferred from metric distances among DNA haplotypes: Application to human mitochondrial DNA restriction data. Genetics 131(2): 479–491.

Fajarningsih N. D. (2016). Internal Transcribed Spacer (ITS) as Dna Barcoding to Identify Fungal Species: A Review. Squalen Bulletin of

Marine and Fisheries Postharvest and Biotechnology 11(2): 37-44.

Foltz M. J., Perez K. E., Volk T. J. (2012). Molecular phylogeny and morphology reveal three new species of Cantharellus within 20 m of one another in western Wisconsin, USA. Mycologia 105(2): 447-461.

Felsenstein J. (1985). Confidence Limits on Phylogenies: An Approach Using the Bootstrap. Evolution 39(4): 783-791.

Geiser D. M. (2004). Practical Molecular Taxonomy of Fungi. In: Advances in Fungal Biotechnology for Industry, Agriculture, and Medicine. Tkacz J.S., Lange L. (Hrsg.). Springer. Boston: 3-14.

Geyer C. J. (1991). Markov Chain Monte Carlo Maximum Likelihood. Interface Foundation of North America. Retrieved from the University of Minnesota Digital Conservancy. http://hdl.handle.net/11299/58440

Giraud T., Refrégier G., Le Gac M., de Vienne D. M., Hood M. E. (2008). Speciation in fungi. Fungal Genetics and Biology 45(6): 791-802.

Glasbey C., van der Heijden G., Toh V. F. K., Gray A. (2007). Colour displays for categorical images. Color Research & Application 32(4): 304-309.

Gorjón S. P., Greslebin A. G., Rajchenberg M. (2011). Subulicystidium curvisporum sp. nov. (Hydnodontaceae, Basidiomycota) from the Patagonian Andes. Mycotaxon 118: 47-52.

Goslee S.C., Urban D.L. (2007). The ecodist package for dissimilarity-based analysis of ecological data. Journal of Statistical Software 22(7): 1-19.

Goto B. T., Maia L. C. (2005). Sporocarpic species of arbuscular mycorrhizal fungi (Glomeromycota), with a new report from Brazil. Acta Botanica Brasilica 19(3): 633-637.

Grubbs F. E. (1950). Sample criteria for testing outlying observations. The Annals of Mathematical Statistics 21(1): 27-58.

Guevara-García L., Herrera-Estrella L., Olmedo-Alvarez G. (1997). Cloning from genomic DNA and production of libraries. In: Plant Molecular Biology - A Laboratory Manual. Clark M. S. (Hrsg.). Springer. Berlin: 3-14.

Hajibabaei M., Singer G. A. C., Hebert P. D. N., Hickey D. A. (2007). DNA barcoding: how it complements taxonomy, molecular phylogenetics and population genetics. Trends in Genetics 23(4): 167–172.

Hallenberg N. (1983). On the Schizopora paradoxa complex (Basidiomycetes). Mycotaxon 18(2): 303–313.

Hamming R. W. (1950). Error detecting and error correcting codes. The Bell System Technical Journal 29(2): 147–160.

Harrington T. C., Rizzo D. M. (1999). Defining species in fungi. In: Structure and dynamics of fungal populations. Worrall J. J. (Hrsg.). Kluwer Press. Dordrecht: 43–71.

Hastings W. K. (1970). Monte Carlo sampling methods using Markov chains and their applications. Biometrika 57(1): 97–109.

Hawksworth D. L., Lücking R. (2017). Fungal diversity revisited: 2.2 to 3.8 million species. Microbiology Spectrum 5(4): FUNK0052-2016.

Hebert P. D. N., Gregory, T. R. (2005). The Promise of DNA Barcoding for Taxonomy. Systematic Biology 54(5): 852–859.

Hibbett D. S., Taylor J. W. (2013). Fungal systematics: is a new age of enlightenment at hand? Nature Reviews Microbiology 11(2): 129–133.

Hibbett D. S., Ohman A., Glotzer D., Nuhn M., Kirk P., Nilsson R. H. (2011). Progress in molecular and morphological taxon discovery in Fungi and options for formal classification of environmental sequences. Fungal Biology Reviews 25(1): 38–47.

Hibbett D. S. (1992). Ribosomal RNA and fungal Systematics. Transactions of the Mycological Society of Japan 33: 533–556.

Hillis D. M., Bull J. J. (1993). An Empirical Test of Bootstrapping as a Method for Assessing Confidence in Phylogenetic Analysis. Systematic Biology 42(2): 182–192.

Hjortstam K., Ryvarden L. (1986). Some new and noteworthy fungi (Aphyllophorales, Basidiomycetes) from Iguazu, Argentina. Mycotaxon 25(2): 539-567.

Hjortstam K., Ryvarden L. (1979). Notes on Corticiaceae (Basidiomycetes) IV. Mycotaxon 9(2): 505-519.

Honegger R., Edwards D., Axe L., Strullu-Derrien C. (2017). Fertile Proto-
    taxites taiti: a basal ascomycete with inoperculate, polysporous
    asci lacking croziers. Philosophical Transactions of the Royal So-
    ciety B: Biological Sciences 373(1739). pii 20170146.

Hueber F. M. (2001). Rotted wood–alga–fungus: the history and life of
    Prototaxites Dawson 1859. Review of Palaeobotany and Palynol-
    ogy 116(1-2): 123–158.

Huelsenbeck J. P., Ronquist. F. (2001). MRBAYES: Bayesian inference
    of phylogeny. Bioinformatics 17(8): 754-755.

Hughes K. W., Petersen R. H., Lodge D. J., Bergemann S. E., Baumgart-
    ner K., Tulloss R. E., Lickey E., Cifuentes J. (2013). Evolutionary
    consequences of putative intra-and interspecific hybridization in
    agaric fungi. Mycologia 105(6): 1577–1594.

Hyde K. D., Abd-Elsalam K., Cai L. (2010). Morphology: still essential in a
    molecular world. Mycotaxon 114(1): 439–451.

Irinyi L., Serena C., Garcia-Hermoso D., Arabatzis M., Desnos-Ollivier M.,
    Vu D., Cardinali G., Arthur I., Normand A. C., Giraldo A., da
    Cunha K. C., Sandoval-Denis M., Hendrickx M1., Nishikaku A. S.,
    de Azevedo Melo A. S., Merseguel K. B., Khan A., Parente Rocha
    J. A., Sampaio P., da Silva Briones M. R., e Ferreira R. C., de
    Medeiros Muniz M., Castañón-Olivares L. R., Estrada-Barcenas
    D., Cassagne C., Mary C., Duan S. Y., Kong F., Sun A. Y., Zeng
    X., Zhao Z., Gantois N., Botterel F., Robbertse B., Schoch C.,
    Gams W., Ellis D., Halliday C., Chen S., Sorrell T. C., Piarroux R.,
    Colombo A. L., Pais C., de Hoog S., Zancopé-Oliveira R. M., Tay-
    lor M. L., Toriello C., de Almeida Soares C. M., Delhaes L.,
    Stubbe D., Dromer F., Ranque S., Guarro J., Cano-Lira J. F.,
    Robert V., Velegraki A., Meyer W. (2015). International Society of
    Human and Animal Mycology (ISHAM)-ITS reference DNA bar-
    coding database - The quality controlled standard tool for routine
    identification of human and animal pathogenic fungi. Medical My-
    cology 53(4): 313–337.

Izzo A., Agbowo J., Bruns T. D. (2005). Detection of plot-level changes in
    ectomycorrhizal communities across years in an old-growth
    mixed-conifer forest. New Phytologist 166(2): 619–630.

James T. Y., Letcher P. M., Longcore J. E., Mozley-Standridge S. E.,
    Porter D., Powell M. J., Griffith G. W., Vilgalys R. (2006). A

molecular phylogeny of the flagellated fungi (Chytridiomycota) and a proposal for a new phylum (Blastocladiomycota). Mycologia 98(6): 860–871.

Johannesson H., Stenlid J. (2003). Molecular markers reveal genetic isolation and phylogeography of the S and F intersterility groups of the wood-decay fungus Heterobasidion annosum. Molecular Phylogenetics and Evolution 29(1): 94-101.

Jones M. D. M., Forn I., Gadelha C., Egan M. J., Bass D., Massana R., Richards T. A. (2011). Discovery of novel intermediate forms redefines the fungal tree of life. Nature 474: 200-203.

Jülich W. (1969). Über die Gattungen Piloderma gen. nov. und Subulicystidium Parm. (Corticiaceae, Aphyllophorales, Basidiomycetes). Berichte der Deutschen Botanischen Gesellschaft 81:414-421.

Jülich W (1975). Studien an Cystiden-I. Subulicystidium Parmasto. Persoonia 8: 187–190.

Katoh K., Rozewicki J., Yamada K. D. (2017). MAFFT online service: multiple sequence alignment, interactive sequence choice and visualization. Briefings in Bioinformatics.

Kauserud H., Heegaard E., Semenov M. A., Boddy L., Halvorsen R., Stige L. C., Sparks T. H., Gange A. C., Stenseth N. C. (2009). Climate change and spring-fruiting fungi. Proceedings. Biological sciences 277(1685): 1169-1177.

Kauserud H., Shalchian-Tabrizi K., Decock C. (2007a). Multilocus sequencing reveals multiple geographically structured lineages of Coniophora arida and C. olivacea (Boletales) in North America. Mycologia 99(5): 705-713.

Kauserud H., Svegarden I. B., Decock C., Hallenberg N. (2007b). Hybridization among cryptic species of the cellar fungus Coniophora puteana (Basidiomycota). Molecular Ecology 16(2): 389-399.

Kearse M., Moir R., Wilson A., Stones-Havas S., Cheung M., Sturrock S., Buxton S., Cooper A., Markowitz S., Duran C., Thierer T., Ashton B., Meintjes P., Drummond A. (2012). Geneious Basic: An integrated and extendable desktop software platform for the organization and analysis of sequence data. Bioinformatics 28(12): 1647–1649.

Keller J (1985). Les cystides cristalliferes des Aphyllophorales. Mycologia Helvetica 1(5):277–340.

Knoop V., Müller K. (2009). Gene und Stammbäume: Ein Handbuch zur molekularen Phylogenetik. Spektrum Akademischer Verlag. Heidelberg.

Kohn L. M. (2005). Mechanisms of Fungal Speciation. Annual Review of Phytopathology 43(1): 279–308.

Kõljalg U., Nilsson R. H., Abarenkov K., Tedersoo L., Taylor A. F., Bahram M., Bates S. T., Bruns T. D., Bengtsson-Palme J., Callaghan T. M., Douglas B., Drenkhan T., Eberhardt U., Dueñas M., Grebenc T., Griffith G. W., Hartmann M., Kirk P. M., Kohout P., Larsson E., Lindahl B. D., Lücking R., Martín M. P., Matheny P. B., Nguyen N. H., Niskanen T., Oja J., Peay K. G., Peintner U., Peterson M., Põldmaa K., Saag L., Saar I., Schüßler A., Scott J. A., Senés C., Smith M. E., Suija A., Taylor D. L., Telleria M. T., Weiss M., Larsson K. H. (2013). Towards a unified paradigm for sequencebased identification of fungi. Molecular Ecology 22(21): 5271–5277.

Kress W. J., Erickson D. L. (2012). DNA Barcodes: Methods and Protocols. Methods in Molecular Biology™ 858: 3–8.

Kretzer A., Li Y., Szaro T., Bruns T. (1996). Internal Transcribed Spacer Sequences from 38 Recognized Species of Suillus sensu lato: Phylogenetic and Taxonomic Implications. Mycologia 88(5): 776–785.

Kumar S., Stecher G., Tamura K. (2016). MEGA7: Molecular Evolutionary Genetics Analysis Version 7.0 for Bigger Datasets. Molecular Biology and Evolution 33(7): 1870-1874.

Kunz W. (2012a): Genetic Distance and Delimitation of Species – Barcode Taxonomy has its own Species Concept. Entomologie heute 24: 277-286.

Kunz W. (2012b): Do species exist? – Principles of taxonomic classification. Wiley-VCH/ Blackwell. Weinheim.

Larsson A. (2014). AliView: a fast and lightweight alignment viewer and editor for large datasets. Bioinformatics 30(22): 3276–3278.

Larsson K-H. (2007). Re-thinking the classification of corticioid fungi. Mycological Research 111: 1040–1063.

Legendre P., Anderson M. J. (1999). Distance-based redundancy analysis: Testing multispecies responses in multifactorial ecological experiments. Ecological Monographs 69(1): 1–24.

Legendre P., Lapointe F., Casgrain P. (1994). Modeling brain evolution from behavior: A permutational regression approach. Evolution 48(5): 1487-1499.

Letunic I., Bork P. (2016). Interactive tree of life (iTOL) v3: an online tool for the display and annotation of phylogenetic and other trees. Nucleic Acids Research 44(W1): W242–W245.

Liberta A. E. (1980). Notes on the genus Subulicystidium. Mycotaxon 10: 409–412.

Lichstein J. (2007). Multiple regression on distance matrices: A multivariate spatial analysis tool. Plant Ecology 188(2): 117-131.

Lücking R., Nelsen M. P. (2018). Ediacarans, protolichens, and lichen-derived Penicillium. A critical reassessment of the evolution of lichenization in fungi. In: Transformative Paleobotany. Papers to Commemorate the Life and Legacy of Thomas N. Taylor. Krings M., Harper C. J., Cuneo N. R., Rothwell G. W. (Hrsg.). Academic Press. London: 551–590.

Lücking R., Dal-Forno M., Sikaroodi M., Gillevet P. M., Bungartz F., Moncada B., Yánez-Ayabaca A., Chaves J. L., Coca L. F. Lawrey J. D. (2014). A single macrolichen constitutes hundreds of unrecognized species. Proceedings of the National Academy of Sciences 111(30): 11091–11096.

Lücking R., Huhndorf S., Pfister D. H., Plata E. R., Lumbsch H. T. (2009). Fungi evolved right on track. Mycologia 101(6): 810–822.

Martin F., Diez J., Dell B., Delaruelle C. (2002). Phylogeography of the ectomycorrhizal Pisolithus species as inferred from nuclear ribosomal DNA ITSsequences. New Phytologist 153(2): 345–357.

McArdle B.H., Anderson M. J. (2001). Fitting multivariate models to community data: A comment on distance-based redundancy analysis. Ecology 82(1): 290–297.

McNeill J., Barrie F. R., Burdet H. M., Demoulin V., Hawksworth D. J., Marhold K., Nicolson D. H., Prado J., Silva P. C., Skog J. E., Wiersema J. H., Turland N. J. (2006). International Code of Botanical Nomenclature (Vienna Code). A.R.G. Gantner Velag. Ruggell: 568 pp.

Metropolis N., Rosenbluth A. W., Rosenbluth M. N., Teller A. H., Teller E. (1953). Equation of State Calculations by Fast Computing Machines. The Journal of Chemical Physics 21(6): 1087–1092.

Mitchell J. I., Zuccaro A. (2006). Sequences, the environment and fungi. Mycologist 20(2): 62–74.

Mutanen M., Kekkonen M., Prosser S. W. J., Hebert P. D. N., Kaila L. (2015). One species in eight: DNA barcodes from type specimens resolve a taxonomic quagmire. Molecular Ecology Resources 15(4): 967–984.

Myers N., Mittermeier R. A., Mittermeier C. G., da Fonseca G. A. B., Kent J. (2000). Biodiversity hotspots conservation priorities. Nature 403(6772): 853–858.

Nilsson R. H., Taylor A., Adams R. I., Baschien C., Bengtsson-Palme J., Cangren P., Coleine C., Daniel H.-M., Glassman S. I., Hirooka Y., Irinyi L., Iršėnaitė R., Martin-Sanchez P. M., Meyer W., Oh S.-Y., Sampaio J. P., Seifert K. A., Sklenář F., Stubbe D., Suh S.-O., Summerbell R., Svantesson S., Unterseher M., Visagie C. M., Weiss M., Woudenberg J. H., Wurzbacher C., den Wyngaert S. V., Yilmaz N., Yurkov A., Kõljalg U., Abarenkov K. (2018). Taxonomic annotation of public fungal ITS sequences from the built environment - a report from an April 10-11, 2017 workshop (Aberdeen, UK). MycoKeys 28: 65-82.

Nilsson R. H., Ryberg M., Abarenkov K., Sjökvist E., Kristiansson E. (2009). The ITS region as a target for characterization of fungal communities using emerging sequencing technologies. FEMS Microbiology Letters 296(1): 97–101.

Nilsson R. H., Kristiansson E., Ryberg M., Hallenberg N., Larsson K.-H. (2008). Intraspecific ITS variability in the kingdom fungi as expressed in the international sequence databases and its implications for molecular species identification. Evolutionary bioinformatics online 4: 193-201.

Nilsson R. H., Ryberg M., Kristiansson E., Abarenkov K., Larsson K.-H., Kõljalg U. (2006). Taxonomic reliability of DNA sequences in public sequence databases: a fungal perspective. PloS one 1(1): e59.

Oberwinkler, F. (1977). Species- and generic concepts in the Corticiaceae. Bibliotheca Mycologica. 61: 331-344.

Oksanen J., Blanchet F. G., Friendly M., Kindt R., Legendre P., McGlinn D., Minchin P. R., O'Hara R. B., Simpson G. L., Solymos P., Stevens M. H. H., Szoecs E., Wagner H. (2018). vegan: Community Ecology Package. R package version 2.4-6. https://CRAN.R-project.org/package=vegan

Olson Å., Stenlid J. (2002). Pathogenic fungal species hybrids infecting plants. Microbes and Infection 4(13): 1353–1359.

Ordynets A., Scherf D., Pansegrau F., Denecke J., Lysenko L., Larsson K.-H., Langer E. (2018). Short-spored Subulicystidium (Trechisporales, Basidiomycota): High morphological diversity and only partly clear species boundaries. MycoKeys 35: 41-99.

Ovaskainen O., Nokso-Koivisto J., Hottola J., Rajala T., Pennanen T., Ali-Kovero H., Miettinen, O., Oinonen P., Auvinen P., Paulin L., Larsson K.-H., Mäkipää R. (2010). Identifying wood-inhabiting fungi with 454 sequencing–what is the probability that BLAST gives the correct species?. Fungal Ecology 3(4): 274-283.

Paradis E. (2010). pegas: an R package for population genetics with an integrated-modular approach. Bioinformatics 26(3): 419-420.

Paradis E., Claude J., Strimmer K. (2004). APE: Analyses of Phylogenetics and Evolution in R language. Bioinformatics 20(2): 289–290.

Parmasto E., Parmasto I., Möls T. (1987). Variation of basidiospores in the hymenomycetes and its significance to their taxonomy. In: Bibliotheca Mycologica. Bresinsky A, Butin H, Schwantes H. O. (Hrsg.). J Cramer. Berlin, Stuttgart.

Parmasto E. (1968). Conspectus Systematis Corticiacearum. Institutum zoologicum et botanicum academiae scientarium. 120-121.

Prieto M., Wedin M. (2013). Dating the Diversification of the Major Lineages of Ascomycota (Fungi). PLoS ONE 8(6): e65576.

Prokopowich C., Gregory T., Crease T. (2003). The correlation between
    rDNA copy number and genome size in eukaryotes. Genome
    46(1): 48-50.

Punugu A., Dunn M. T., Welden A. L. (1980). The peniophoroid fungi of
    the West Indies. Mycotaxon 10(2): 428-454.

Purves W. K., Sadava D., Orians G. H., Heller H. C. (2006). Biologie.
    Spektrum Akademischer Verlag. Heidelberg.

R Development Core Team (2018). R: A language and environment for
    statistical computing. R Foundation for Statistical Computing, Vi-
    enna, Austria. https://www.R-project.org/.

Raja H. A., Miller A. N., Pearce C. J., Oberlies N. H. (2017). Fungal Iden-
    tification Using Molecular Tools: A Primer for the Natural Products
    Research Community. Journal of natural products 80(3): 756-770.

Redecker D., Kodner R., Graham L. E. (2000). Glomalean fungi from the
    Ordovician. Science 289(5486): 1920–1921.

Ronquist F., Teslenko M., van der Mark P., Ayres D. L., Darling A.,
    Höhna S., Larget B., Liu L., Suchard M. A., Huelsenbeck J. P.
    (2012). MrBayes 3.2: efficient Bayesian phylogenetic inference
    and model choice across a large model space. Systematic biol-
    ogy 61(3): 539-542.

Ronquist F., Huelsenbeck J. P. (2003). MRBAYES 3: Bayesian phyloge-
    netic inference under mixed models. Bioinformatics 19(12): 1572-
    1574.

RStudio Team (2016). RStudio: Integrated Development for R. RStudio,
    Inc., Boston, MA URL http://www.rstudio.com/.

Samson R. A., Houbraken J., Thrane U., Frisvad J. C., Andersen B.
    (2010). Food and Indoor Fungi. In: CBS Laboratory Manual Se-
    ries. CBS-KNAW Fungal Biodiversity Centre. Utrecht: 390 p.

Sanger F., Nicklen S., Coulson A. R. (1977). DNA sequencing with chain-
    terminating inhibitors. Proceedings of the National Academy of
    Sciences of the United States of America 74(12): 5463-5467.

Sanger F.; Coulson A. R. (1975). A rapid method for determining se-
    quences in DNA by primed synthesis with DNA polymerase. Jour-
    nal of Molecular Biology 94(3): 441–448.

Schoch C. L., Seifert K. A., Huhndorf S., Robert V., Spouge J. L., Levesque C. A., Chen W., Bolchacova E., Voigt K., Crous P. W., Miller A. N., Wingfield M. J., Aime M. C., An K. D., Bai F. Y., Barreto R. W., Begerow D., Bergeron M. J., Blackwell M., Boekhout T., Bogale M., Boonyuen N., Burgaz A. R., Buyck B., Cai L., Cai Q., Cardinali G., Chaverri P., Coppins B. J., Crespo A., Cubas P., Cummings C., Damm U., de Beer Z. W., de Hoog G. S., Del-Prado R., Dentinger B., Diéguez-Uribeondo J., Divakar P. K., Douglas B., Dueñas M., Duong T. A., Eberhardt U., Edwards J. E., Elshahed M. S., Fliegerova K., Furtado M., García M. A., Ge Z. W., Griffith G. W., Griffiths K., Groenewald J. Z., Groenewald M., Grube M., Gryzenhout M., Guo L. D., Hagen F., Hambleton S., Hamelin R. C., Hansen K., Harrold P., Heller G, Herrera C., Hirayama K., Hirooka Y., Ho H. M., Hoffmann K., Hofstetter V., Högnabba F., Hollingsworth P. M., Hong S. B., Hosaka K., Houbraken J., Hughes K., Huhtinen S., Hyde K. D., James T., Johnson E. M., Johnson J. E., Johnston P. R., Jones E. B., Kelly L. J., Kirk P. M., Knapp D. G., Kõljalg U., Kovács G. M., Kurtzman C. P., Landvik S., Leavitt S. D., Liggenstoffer A. S., Liimatainen K., Lombard L., Luangsa-Ard J. J., Lumbsch H. T., Maganti H., Maharachchikumbura S. S., Martin M. P., May T. W., McTaggart A. R., Methven A. S., Meyer W., Moncalvo J. M., Mongkolsamrit S., Nagy L. G., Nilsson R. H., Niskanen T., Nyilasi I., Okada G., Okane I., Olariaga I., Otte J., Papp T., Park D., Petkovits T., Pino-Bodas R., Quaedvlieg W., Raja H. A., Redecker D., Rintoul T. L., Ruibal C., Sarmiento-Ramírez J. M., Schmitt I., Schüßler A., Shearer C., Sotome K., Stefani F. O., Stenroos S., Stielow B., Stockinger H., Suetrong S., Suh S. O., Sung G. H., Suzuki M., Tanaka K., Tedersoo L., Telleria M. T., Tretter E., Untereiner W. A., Urbina H., Vágvölgyi C., Vialle A., Vu T. D., Walther G., Wang Q. M., Wang Y., Weir B. S., Weiß M., White M. M., Xu J., Yahr R., Yang Z. L., Yurkov A., Zamora J. C., Zhang N., Zhuang W. Y, Schindel D. (2012). Nuclear ribosomal internal transcribed spacer (ITS) region as a universal DNA barcode marker for Fungi. Proceedings of the National Academy of Sciences 109(16): 6241–6246.

Selosse M.-A. (2002). Prototaxites: A 400 MYR Old Giant Fossil, A Saprophytic Holobasidiomycete, or A Lichen?. Mycological Research 106(6): 642–644.

Simmons M. P., Pickett K. M., Miya M. (2004). How Meaningful Are Bayesian Support Values?. Molecular Biology and Evolution 21(1): 188–199.

Sheedy E. M., Van de Wouw A. P., Howlett B. J., May T. W. (2013). Multigene sequence data reveal morphologically cryptic phylogenetic species within the genus Laccaria in southern Australia. Mycologia 105(3): 547-563.

Spearman C. (1904). The Proof and Measurement of Association between Two Things. The American Journal of Psychology 15(1): 72-101.

Tamura K. (1992). Estimation of the number of nucleotide substitutions when there are strong transition-transversion and G+C-content biasis. Molecular Biology and Evolution 9(4): 678-687.

Tautz D., Arctander P., Minelli A., Thomas R. H., Vogler A. P. (2003). A plea for DNA taxonomy. Trends in Ecology & Evolution 18(2): 70–74.

Tavaré S. (1986). Some Probabilistic and Statistical Problems in the Analysis of DNA Sequences. Lectures on Mathematics in the Life Sciences 17(2): 57–86.

Taylor J. W., Hibbett D. S. (2013). Toward Sequence-Based Classification of Fungal Species. IMA Fungus 4(2): 33–34.

Taylor J. W., Fisher M. C. (2003). Fungal multilocus sequence typing — it's not just for bacteria. Current Opinion in Microbiology 6(4): 351–356.

Taylor J. W., Jacobson D. J., Kroken S., Kasuga T., Geiser D. M., Hibbett D. S., Fisher M. C. (2000). Phylogenetic species recognition and species concepts in fungi. Fungal Genetics and Biology 31(1): 21–32.

Taylor T. N., Klavins S. D., Krings M., Taylor E. L., Kerp H., Hass H. (2003). Fungi from the Rhynie chert: A view from the dark side. Transactions of the Royal Society of Edinburgh: Earth Sciences 94(4): 457-473.

Telleria M. T., Melo I., Dueñas M., Larsson K.-H., Martín M. P. P. (2013). Molecular analyses confirm Brevicellicium in Trechisporales. IMA Fungus 4(1): 21–28.

Templeton A. R., Crandall K. A., Sing, C. F. (1992). A cladistic analysis of phenotypic association with haplotypes inferred from restriction endonuclease mapping and DNA sequence data. III. Cladogram estimation. Genetics 132(2): 619–635

Vavrek M. J. (2011). fossil: palaeoecological and palaeogeographical analysis tools. Palaeontologia Electronica: 14:1T. http://palaeo-electronica.org/2011_1/238/index.html

Verma S. P., Quiroz-Ruiz A. (2006). Critical values for six Dixon tests for outliers in normal samples up to sizes 100, and applications in science and engineering. Revista Mexicana de Ciencias Geológicas 23(2): 133–161.

Vilgalys R., Sun B. L. (1994). Ancient and recent patterns of geographic speciation in the oyster mushroom Pleurotus revealed by phylogenetic analysis of ribosomal DNA sequences. Proceedings of the National Academy of Sciences of the United States of America 91(10): 4599-4603.

Volobuev S. (2016). Subulicystidium perlongisporum (Trechisporales, Basidiomycota) new to Russia, with notes on a molecular study of the species. Nova Hedwigia 102(3): 531–537.

Warnow T. (2012). Standard maximum likelihood analyses of alignments with gaps can be statistically inconsistent. PLoS currents 4: RRN1308.

Warton D. I., Wright T. W., Wang Y. (2012). Distance-based multivariate analyses confound location and dispersion effects. Methods in Ecology and Evolution 3(1): 89–101.

Weising K., Nybom H., Wolff K., Kahl G. (2005). DNA fingerprinting in plants: principles, methods and applications. Taylor & Francis Group. Boca Raton.

White T. J., Bruns T., Lee S., Taylor J. (1990). Amplification and Direct Sequencing of Fungal Ribosomal RNA Genes for Phylogenetics. In: PCR Protocols: A Guide to Methods and Applications. Innis M. A., Gelfand D. H., Sninsky J. J. (Hrsg.). Academic Press Inc. New York: 315-322.

Wickham H. (2009). ggplot2: Elegant Graphics for Data Analysis. Springer. New York.

WILCZYNSKI S. P. (2009). Molecular Biology. In: Modern Surgical Pathology. Weidner N., Cote R. J., Suster S., Weiss L. M. (Hrsg.).
Elsevier. Amsterdam: 85-120.

Wilk J. (2012). Smaff – „Statistische Messreihen-Auswertung für Fungi
v3.1". Südwestdeutsche Pilzrundschau 48(2): 49-56.

Will K., Rubinoff D. (2004). Myth of the molecule: DNA barcodes for species cannot replace morphology for identification and classification. Cladistics 20: 47–55.

Wright K. (2018). pals: Color Palettes, Colormaps, and Tools to Evaluate
Them. R package version 1.5. https://CRAN.R-project.org/pack-
age=pals

Yang Z., Rannala B. (2012). Molecular phylogenetics: principles and
practice. Nature Reviews Genetics 13(5): 303–314.

YANG Z. (1993). Maximum-likelihood estimation of phylogeny from DNA
sequences when substitution rates differ over sites. Molecular Biology and Evolution 10(6): 1396-1401.

Anhang

Daten aus dem Haplotyp-Netzwerk

Tab. 9 Übersicht der mit dem Paket „pegas" Version 0.10 (Paradis 2010) ermittelten 40 Haplotypen nach Anzahl der Proben, dem Ursprungsland/-insel und der Specimen ID.

Haplotyp	Anzahl an Proben	Land/Insel	Specimen ID
I	5	Italien	TU_124392
			TU_124393
			TU_124394
			TU_124395
			TU_124400
II	1	Italien	TU_124398
III	1	Dominikanische Republik	KHL_9786
IV	1	Réunion	KAS_L_1532
V	1	Réunion	KAS_L_0183
VI	1	Réunion	KAS_GEL_5026a
VII	1	Réunion	LY_11525
VIII	1	Costa Rica	KHL_11449
IX	1	Zimbabwe	O_909580
X	1	Argentinien	O_506783
XI	1	Puerto Rico	KHL_9377
XII	1	Brasilien	KHL_16458
XIII	1	Brasilien	KHL_16923
XIV	1	Madagaskar	KHL_14333
XV	2	KAS_GEL_4878	Réunion
		KAS_GEL_3519	Taiwan
XVI	1	Italien	TU_124396
XVII	1	Italien	TU_124391

© Springer Fachmedien Wiesbaden GmbH, ein Teil von Springer Nature 2020
L. Lysenko, *Enträtselung der genetischen Variation von Subulicystidium longisporum*, BestMasters, https://doi.org/10.1007/978-3-658-29224-9

Haplotyp	Anzahl an Proben	Land/Insel	Specimen ID
XVIII	1	Russland	LE_286855
XIX	12	Russland	LE_292121
		Spanien	O_909597
		Deutschland	Ordynets_00146
			KAS_MS_5715
			KAS_MS_5733
			KAS_MS_6316
			KAS_MS_6860
			KAS_MS_4045
			KAS_MS_4497
			KAS_MS_4499
			KAS_MS_4617
			KAS_MS_5632
XX	2	Ukraine	CWU_6737
		Deutschland	KAS_MS_6229
XXI	1	Deutschland	KAS_MS_5055
XXII	1	Deutschland	KAS_MS_6382
XXIII	1	Russland	O_506696
XXIV	1	Taiwan	KAS_GEL_3550
XXV	1	Taiwan	KAS_GEL_3424
XXVI	1	Schweden	KHL_14229
XXVII	1	Réunion	KAS_L_0026
XXVIII	1	Argentinien	O_909585
XXIX	1	Réunion	KAS_GEL_4819
XXX	1	Puerto Rico	KHL_10465
XXXI	3	Puerto Rico	KHL_10221
			KHL_9227
			KHL_9689

Haplotyp	Anzahl an Proben	Land/Insel	Specimen ID
XXXII	1	Puerto Rico	KHL_10045
XXXIII	1	Puerto Rico	KHL_10006
XXXIV	1	Puerto Rico	KHL_9282
XXXV	1	Réunion	KAS_L_1824
XXXVI	1	Estland	TU_109534
XXXVII	1	Finnland	H_6012644
XXXVIII	1	Italien	TU_124397
XXXIX	1	Réunion	KAS_GEL_5207
XL	1	Réunion	KAS_GEL_4882

Tab. 10 Übersicht der einzelnen Verknüpfungen zwischen den mit dem Paket „pegas" Version 0.10 (Paradis 2010) ermittelten 40 Haplotypen mit ihrer Wahrscheinlichkeit nach Templeton et al. (1992).

Haplotyp	Haplotyp	Schritte	Wahrscheinlichkeit [%]
17	16	1	100
26	16	1	100
26	18	1	100
20	19	1	100
32	31	1	100
34	33	1	100
22	19	2	100
31	30	2	100
33	30	2	100
2	1	4	99
21	19	4	99
35	31	4	99
37	36	4	99
23	19	6	98

Haplotyp	Haplotyp	Schritte	Wahrscheinlichkeit [%]
24	19	6	98
25	24	6	98
23	18	8	97
15	14	10	96
11	10	11	95
12	11	12	94
6	4	20	84
27	25	22	81
6	5	29	71
3	1	37	56
6	1	38	54
7	6	39	53
14	13	41	49
8	6	42	47
28	16	42	47
29	28	47	40
32	18	51	35
10	9	52	33
10	6	53	32
13	6	58	25
39	3	59	24
36	26	62	20
32	9	69	14
38	13	77	9
40	37	92	3

Daten aus den genetischen Distanzen und Kladogrammen

Tab. 11 Übersicht der sieben Gruppierungen der 59 *Subulicystidium longisporum* Sequenzen im Locus ITS, die sich sowohl nach der Maximum-Likelihood-Methode, als auch nach dem Wahrscheinlichkeitstheorem nach Bayes ergeben. Es sind zusätzlich die intrakladistischen paarweisen Distanzen aufgeführt (vgl. Abb. 4- Abb. 6) BS: Bootstrapsupport, PP: a posteriori Wahrscheinlichkeit nach Bayes.

Gruppe	Specimen_ID	BS [%]	PP [%]	Paarweise genetische Distanz [%]
1	TU_109534, H_6012644	72	99	0,7
2	KHL_16923, KHL_14333, KAS_GEL_3519, KAS_GEL_4878	83	100	0 – 7,93
3	O_909580, KHL_16458, KHL_9377, O_506783	82	100	2,22 – 10,48
4	KAS_GEL_5207, LY_11525, KHL_11449, KAS_L_0183, KAS_L_1532, KAS_GEL_5026a, KHL_9786, TU_124392, TU_124393, TU_124394, TU_124395, TU_124398, TU_124400	58	97	0 – 13,55
5	KAS_L_1824, KHL_9227, KHL_10045, KHL_10221, KHL_9689, KHL_10465, KHL_10006, KHL_9282	100	100	0 – 1,51
6	O_909585, KAS_GEL_4819	99	100	8,64
7	KAS_MS-Proben, Ordynets_00146, O_909597, O_506696, KAS_L_0026, LE_286855, LE_292121, KHL_14229, KAS_GEL_3550, KAS_GEL_3424, TU_124391, TU_124396	50	100	0 – 5,54

Tab. 12 Übersicht der minimalen interkladistischen paarweisen genetischen Distanzen (Abb. 6) der sieben aus den Kladogrammen (Tab. 11, Abb. 4, Abb. 5) abgeleiteten Gruppen der 59 Nukleotidsequenzen von Subulicystidium longisporum im Locus ITS in Prozent.

Gruppe	1	2	3	4	5	6
2	13,2					
3	14,23	11,5				
4	14,8	11,28	11,39			
5	12,23	14,34	13,26	14,15		
6	14,94	16,36	16,73	15,96	12,04	
7	11,79	14,81	14,05	13,25	9,6	7,76

Tab. 13 Übersicht der 17 Gruppen, die nach einem lokalen Minimum von 5,6 % mit der Funktion „tclust" des Paketes „spider" Version 1.5.0 (Brown et al. 2012) eingeteilt werden können. Das lokale optimierte Minimum wurde mit den Funktionen „localMinima" und „treshOpt", ebenfalls im Paket „spider" enthalten, ermittelt.

Gruppe	Specimen_ID
1	TU_124392-124395, TU_124398, TU_124400
2	KHL_9786
3	KAS_L_0183, KAS_L_1532, KAS_GEL_5026a
4	LY_11525
5	KHL_11449
6	O_909580
7	O_506783, KHL_9377, KHL_16458
8	KHL_16923
9	KHL_14333, KAS_GEL_3519, KAS_GEL_4878
10	TU_124391, TU_124396, LE_286855, LE_292121, Ordynets_000146, KHL_14229, alle KAS_MS-Proben, O_909597, CWU_6737, O_506696, KAS_GEL_3550, KAS_GEL_3424, KAS_L_0026
11	O_909585
12	KAS_GEL_4819
13	KHL_10465, KHL_10221, KHL_10045, KHL_9689, KHL_9227, KHL_10006, KHL_9282, KAS_L_1824
14	TU_109534, H_6012644

Gruppe	Specimen_ID
15	TU_124397
16	KAS_GEL_5207
17	KAS_GEL_4882

Printed in the United States
By Bookmasters